Jeovanny Guillermo Herrera Ochoa
Jose Antonio Moreno Serrano
Wagner Roberto Morocho Chamba

PISTE DEFOLITIVE DEL SAPERIO(Lablab purpureus L.)

Jeovanny Guillermo Herrera Ochoa
Jose Antonio Moreno Serrano
Wagner Roberto Morocho Chamba

PISTE DEFOLITIVE DEL SAPERIO(Lablab purpureus L.)

Entomologia agraria

ScienciaScripts

Imprint
Any brand names and product names mentioned in this book are subject to trademark, brand or patent protection and are trademarks or registered trademarks of their respective holders. The use of brand names, product names, common names, trade names, product descriptions etc. even without a particular marking in this work is in no way to be construed to mean that such names may be regarded as unrestricted in respect of trademark and brand protection legislation and could thus be used by anyone.

Cover image: www.ingimage.com

This book is a translation from the original published under ISBN 978-620-2-14279-3.

Publisher:
Sciencia Scripts
is a trademark of
Dodo Books Indian Ocean Ltd. and OmniScriptum S.R.L publishing group

120 High Road, East Finchley, London, N2 9ED, United Kingdom
Str. Armeneasca 28/1, office 1, Chisinau MD-2012, Republic of Moldova, Europe
Printed at: see last page
ISBN: 978-620-7-23723-4

Copyright © Jeovanny Guillermo Herrera Ochoa, Jose Antonio Moreno Serrano, Wagner Roberto Morocho Chamba
Copyright © 2024 Dodo Books Indian Ocean Ltd. and OmniScriptum S.R.L publishing group

Contenuti
I. INTRODUZIONE 3
II MATERIALI E METODI. 12
III DISCUSSIONE...38
IV CONCLUSIONI 39
V RACCOMANDAZIONI...40
BIBLIOGRAFIA 41
APPENDICE...43

Autori:
Prof. JEOVANNY G. HERRERA OCHOA
Prof. JOSE A. MORENO-SERRANO
Prof. WAGNER R. MOROCHO CHAMBA

Autori:
Herrera Ochoa Jeovanny G. Master in Project Management. Istituto superiore Tecnologico "AMAZONICO". E-mail: jeovanny06@istam.edu.ec.

Moreno Serrano Jose Antonio. Dottore in Biotecnologia e Genetica delle piante e dei microrganismi associati. Istituto Superiore Tecnologico "AMAZONICO". E-mail: jose.agropack@ gmail.com / jose79@istam.edu.ec.

Morocho Chamba Wagner Roberto. Master in Produzione animale. Istituto superiore Tecnologico "AMAZONICO". E-mail: rectorado@istam.edu.ec

I. INTRODUZIONE

1.1. GENERALE

Il Lablab purpureus L. è una leguminosa originaria dell'India, che nel tempo si è adattata molto bene al nostro Paese e in particolare alla provincia di Loja, grazie alla diversità climatica del settore. Questa leguminosa è diventata una delle colture economiche e alimentari più importanti, insieme a mais, fagioli e arachidi.

Per contribuire a risolvere questi problemi, è stato realizzato questo progetto di ricerca presso la stazione sperimentale (Zapotepamba). Durante l'esecuzione del progetto, sono state effettuate raccolte dell'entomofauna per la loro rispettiva identificazione e prove di controllo, attraverso l'applicazione di insetticidi naturali a base di Neem *Azadirachta hnlica* e insetticidi biologici con *Bacillus thurigiensis*, determinando la migliore alternativa economica per il controllo, che sono dimostrati nei risultati.

In questo modo stiamo dando il nostro contributo allo sviluppo di futuri lavori di ricerca volti a ottenere la migliore alternativa di controllo per quanto riguarda i parassiti del rovo. Gli obiettivi erano:

- Identificare le specie defogliatrici nel sistema agricolo di Zapotepamba.

- Studiare le diverse fasi del ciclo biologico dei parassiti defogliatori e la loro nemici per stabilire tattiche di controllo.

- Determinare l'efficacia degli insetticidi chimico-biologici nel controllo dei parassiti defogliatori del rovo, al fine di stabilire la migliore alternativa economica di controllo.

1.2. IL SORRONE (*Lablab purpureus* L)

Il Lablab purpureus L., specie originaria dell'India, si è ben adattato in Ecuador, essendo presente in quasi tutte le province. A Loja è ampiamente distribuito nella maggior parte dei cantoni, dove viene seminato in associazione con il mais, diventando la principale fonte di cibo per le famiglie (Guaman, 1998).

Dal punto di vista botanico, si tratta di una pianta perenne, un rampicante volubile (può raggiungere un'altezza di 5 m), con fusti cilindrici, leggermente pubescenti o glabri. I baccelli sono appiattiti, ovali, con un ombelico bianco. I baccelli sono lunghi da 4 a 7 cm e larghi da 2 a 3 cm, contengono da 2 a 6 semi e si estendono fino all'estremità in un'appendice ricurva. I semi sono di vari colori, bianchi, gialli, rossi, marroni e neri; quelli bianchi sono i più evidenti.

Esistono 200 genotipi riconosciuti. Le caratteristiche variabili includono: Peso diverso, semi di colore diverso, fiori diversi e abbondanti, loro fragranza, peduncolo lungo e colore, foglie di colore diverso e fisiologia diversa. vigore, tolleranza, sensibilità, tempo di fioritura, tempo di maturazione, vitalità dei semi. Ha un ciclo vegetativo di cinque-nove mesi a seconda del clima e della varietà.

Per quanto riguarda le esigenze pedoclimatiche, il sarsen preferisce temperature comprese tra 18 e 30 °C, terreni con un pH di 6,5, anche se poco fertili, ma con un drenaggio sufficiente e una tessitura franco-sabbiosa. Grazie al suo basso fabbisogno pluviometrico (da 630 a 890 mm), si è adattato bene a zone con siccità prolungata.

Le distanze di semina variano a seconda della varietà: i cespugli vengono seminati a una distanza di 50 cm tra le piante e i solchi, mentre le varietà rampicanti vengono seminate insieme al mais a una distanza di 1 metro tra le piante e 1,20 m tra i solchi, con la semina di tre semi. La quantità di semi utilizzata per la coltura pura è di 60 kg/ha, con rese comprese tra 1 200 e 1 500 kg di granella secca e 15 tonnellate di foraggio per ettaro.

1.3. PARASSITI DEL ROVO

Le piante vengono attaccate da larve defogliatrici dal momento della germinazione fino alla formazione del baccello, quando continuano a essere attaccate dal bruco del baccello. Durante l'immagazzinamento, sono attaccate dal tonchio *Zabrotes*

Dal rapporto CATER, Guaman (1998), si evince che nella provincia di Loja la sarsapodilla è attaccata da diversi parassiti, dal momento della germinazione fino alla maturazione della pianta. I principali parassiti sono i lepidotteri (larve) e i tonchi.

1.3.1. Lepidotteri.

Questo ordine raggruppa gli insetti generalmente noti come falene, tarme e farfalle, ed è uno degli ordini più distruttivi allo stadio larvale. Le dimensioni degli adulti possono variare da 2 mm a diversi centimetri; l'elemento più caratteristico di questi insetti è la presenza di una proboscide che può avvolgersi a spirale - spiritromba (Echeverri & Herrera, 1972).

I Lepidotteri comprendono circa centomila specie del terzo ordine di insetti; possiedono una metamorfosi completa, cioè quattro stadi di sviluppo, uovo, bruco, ninfa (crisalide) e farfalla. Si distinguono da tutti gli altri insetti per la presenza di squame alari, strutture molto complicate che devono essere considerate peli trasformati e che ricoprono le ali in una disposizione imbricata; queste squame sono portatrici di pigmenti. Così, l'abbigliamento multicolore delle farfalle è costituito da un mosaico di scaglie variamente colorate (Forster, 1977). La loro funzione è principalmente quella di rinforzare l'ala e renderla sufficientemente rigida per il volo (Etcheverry & Herrera, 1972).

Si tratta di insetti con un apparato boccale leccante-succhiante, caratterizzati anche dal fatto che allo stadio larvale causano ingenti danni, poiché si nutrono del fogliame, sia dei tessuti che si trovano nell'epidermide della foglia sia dell'intera foglia (Morales, 1994).

I predatori del complesso *Heliothis* sono molto numerosi e comprendono specie di molte famiglie. I g̈eneros *H. virensis* e *H. zea* sono attaccati da numerosi predatori e parassitoidi che, grazie alla diversità delle loro esigenze ecologiche e all'attività stagionale, permettono di tenere sotto controllo permanente il complesso *Heliothis*. Su *Spodoptera exigua* sono stati registrati fino a 18 parassitoidi appartenenti agli ordini *Hymenoptera* e *Diptera*; il parassitismo può raggiungere livelli elevati esercitato da *Chelonus*, *Meteoras* e *Apanteles* (Lizarraga, 1998).

1.4. CLASSIFICAZIONE DEI PARASSITI

Secondo Lizarraga (1999), un parassita è una specie animale che l'uomo considera dannosa per sé, per i suoi beni o per l'ambiente. Esistono parassiti di interesse medico, parassiti di interesse veterinario, parassiti domestici, parassiti dei prodotti immagazzinati e parassiti agricoli che danneggiano le colture. Un parassita agricolo è definito come una popolazione di animali fitofagi che diminuisce la produzione di una coltura, riducendone il valore o aumentando i costi di produzione. Convenzionalmente, i parassiti sono classificati come segue: - Parassiti chiave
- Parassiti occasionale
- Parassiti potenziale
- Parassiti parassiti migratori

1.4.1. Classificazione tassonomica dei Lepidotteri.

Zayas (1989) fornisce la seguente classificazione dell'ordine dei Lepidotteri:

Famiglia:	Papilionidi	
Famiglia:	Pieridae	
	Sottofamiglie:	Pierinae
		Coliadinae
		Dismorphinae
Famiglia:	Danaidae	
	Sottofamiglie:	Danainae
		Lycoreinae
		Ithomiinae
Famiglia:	Satyridae	
Famiglia:	Ninfalidi	
	Sottofamiglia:	Heliconiinae
		Nymphalinae
Famiglia:	Lybytheridae	
Famiglia:	Riodinidi	
Famiglia:	Lycaenidae	
	Sottofamiglie:	Theclinae
		Plebajinae
Famiglia:	Hesperiidae	
	Sottofamiglie:	Pyrginae
		Herperiinae
Famiglia:	Shhingidae	
	Sottofamiglie:	Acherontiinae
		Ambulicinae
		Sesiinae
		Philampelinae
Famiglia:	Saturnidi	Chaerocampinae
Famiglia:	Geometridae	
	Sottofamiglie:	Oenochrominae
		Sterrhinae
		Hemitheinae
		Paladinae
		Semiothisinae
		Enniminae
		Abraxinae
		Ascotinae
		Bistoninae
		Heterusiinae
Famiglia:	Pterophoridae	Larentiinae
Famiglia:	Nepticulidae	

1.4.1.1.   I danni che provocano.

Alcune specie di Lepidotteri causano danni significativi alle leguminose. Parassiti come la piralide del fusto, *Elasmopalpus lignosellus,* penetrano nel fusto appena sotto la superficie del suolo e lo spazzano verso l'alto, causando un'elevata mortalità delle piante e riducendo così la popolazione. L'adulto depone le uova singolarmente su steli o foglie (Schwartz & Galvez,

1980).
Trichoplusia ni, una falena notturna, la cui femmina depone fino a 300 uova singolarmente sull'involucro della foglia. Il danno è causato dalla larva, che è un'eccellente masticatrice di fogliame e baccelli. Il controllo è consigliato quando c'è una larva ogni sei foglie di fagiolo (Hallman, 1980).

Conosciuta anche come tignola del fagiolo *Epinotia sp*, le larve si nutrono all'interno o all'esterno delle gemme terminali e/o penetrano nei gambi e nei baccelli. Le larve intrecciano i loro escrementi e li spingono fuori dai canali di alimentazione. L'insetto può anche causare l'aborto dei fiori e, in seguito all'attacco delle larve, le gemme e gli steli si deformano (Schwartz & Galvez, 1980).

I parassiti dell'Agrotis dodder, che tagliano la pianta a livello del suolo o al di sotto di esso, sono le larve di lepidotteri. Si nutrono dell'ipocotile della piantina, possono anche danneggiare i cotiledoni e consumare le foglie cotiledonari allo stadio embrionale, e nelle piante più sviluppate le larve rosicchiano il fusto, causando l'appassimento della pianta (Marcelino & Van Schoonhaven, 1985).

1.4.1.2. Nemici naturali

I nemici naturali degli insetti nocivi sono considerati l'intera gamma di insetti parassiti e predatori. La possibilità di propagare e distribuire i nemici naturali per combattere gli insetti che distruggono le colture ha stimolato l'immaginazione degli entomologi. Un problema dei parassiti introdotti è che normalmente trasportano uova e larve degli insetti dannosi, ma non i loro predatori e nemici naturali.

Tra gli insetti mangiatori di fogliame (Lepidoptera), la piralide *Elasmopalpus lignosellus* parassita uova e larve delle famiglie *Tachinidae*, *Braconidae* e *Ichneumonidae*. Nel verme delle balie, il parassitismo larvale varia tra il 21 e il 40%. Nel verme peloso *Estigmene acrea*, 12 specie di d^ptera in Colombia hanno prodotto il 31% di parassitismo larvale, Coccinellidae e Malachidae sono predatori di uova e quelli ridotti sono predatori larvali, nelle cui larve sono stati registrati imenotteri parassiti. In *Hedylepta* è stato riscontrato un elevato parassitismo da parte di *Toxopforoides apicalis*, con più di un carabide come predatore larvale (Schwarts & Galvez, 1980).

1.4.2. Ciclo di vita.

Per Ross (1973), il ciclo di vita dell'individuo è generalmente considerato come due fasi di sviluppo (dall'uovo all'adulto) e di maturità o stato adulto. Per l'autore, lo sviluppo è un periodo di crescita e trasformazione fondamentalmente graduale e continua lungo tutto il suo corso, tuttavia, per quanto riguarda le sue manifestazioni esterne, è diviso in periodi o stadi definiti. Aggiunge che, poiché il punto più importante di separazione dello sviluppo degli insetti è il fenomeno della schiusa dell'uovo, il periodo di sviluppo dell'uovo è lo sviluppo embrionale: il periodo successivo alla schiusa è lo sviluppo postembrionale, i cambiamenti durante quest'ultimo periodo sono chiamati metamorfosi.

1.4.3. Metamorfosi.

Etcheverry e Herrera (1972) definiscono la metamorfosi come la trasformazione o il cambiamento di forma che avviene nel corso dello sviluppo post-embrionale, dalla nascita all'età adulta, di un insetto.

In molti insetti i rudimenti alari si sviluppano internamente fino allo stadio pre-adulto, in cui le ali appaiono sotto forma di grandi palette. Si tratta di uno stadio di digiuno e prevalentemente quiescente, durante il quale gli organi adulti vengono ricostruiti a partire dai tessuti degli stadi precedenti. Esternamente sembra che in questi insetti le ali appaiano improvvisamente come un organo ben formato al termine della crescita delle forme immature. Esistono quindi tre stadi post-embrionali distinti: la forma precoce senza ali, chiamata larva; la forma immobile con ali, chiamata pupa; e l'adulto, talvolta chiamato anche sviluppo olometabolico (Ross, 1973).

1.4.4. Dinamica della popolazione

A seconda di fattori ambientali favorevoli o sfavorevoli, le popolazioni di insetti aumentano o diminuiscono. Sebbene sia difficile definire con precisione le interazioni esistenti nelle popolazioni naturali, è possibile ottenere informazioni su alcuni aspetti bionomici della specie e sulle ragioni delle variazioni di densità in una popolazione osservando repliche parziali (Cisneros, 1986).

Andrewarta (1963) e Flores (1975) definiscono la dinamica delle popolazioni come il numero di animali che si può trovare o stimare nelle popolazioni naturali e che è la scienza che cerca di spiegare la ragione di questo numero. Flores (1975) la definisce come lo studio del numero di individui di varie specie e del modo in cui variano da tempo a tempo e da luogo a luogo all'interno delle popolazioni.

1.5. GESTIONE INTEGRATA DEI PARASSITI.

1.5.1. Concetti di base.

A un certo punto, quando l'uomo ha iniziato a riflettere e a prendere coscienza del grave danno che stava causando alla natura attraverso l'uso indiscriminato di prodotti chimici per controllare tutti i tipi di insetti che competevano con lui nell'uso di una specie agronomica, sono sorte delle preoccupazioni sulle strategie di controllo, che in seguito hanno dato origine al concetto di Gestione Integrata dei Parassiti (IPM) (CIAT, 1991).

Diversi autori e organizzazioni parlano dell'argomento, Cisneros (1980) e Calver (1983), CIAT (1991), tutti concordi nell'affermare che l'uso indiscriminato di prodotti chimici per il controllo di una specie ha portato alla generazione di resistenza ai principi attivi del prodotto, per cui sono necessarie dosi sempre più elevate per ottenere risultati uguali o inferiori. D'altra parte, si è creato uno squilibrio tra gli organismi considerati infestanti e i loro predatori naturali, poiché l'uso di prodotti chimici non uccide solo quelli che si nutrono delle specie che l'uomo coltiva, ma anche quelli che si nutrono di loro.

Secondo Cancelado (1995), la gestione integrata dei parassiti è definita come l'uso armonioso del maggior numero di tecniche appropriate per ridurre e mantenere le popolazioni di parassiti al di sotto dei livelli di danno economico all'agricoltura o ai suoi prodotti.

Nella considerazione della FAO del 1976 che l'IPM (Integrated Pest Management) è un controllo razionale basato sulla biologia e sull'ecologia, che lavora insieme alla natura e non contro di essa. In un approccio ecologico e multidisciplinare alla gestione delle popolazioni di parassiti, che utilizza una varietà di tattiche di controllo compatibili in un unico sistema coordinato di gestione dei parassiti, tutti gli autori sostengono che l'IPM non è solo l'integrazione del controllo chimico e biologico nella lotta contro un insetto. Non è solo l'integrazione di tutte le possibili tecniche e alternative integrate in un armamentario ecologico, tenendo conto che questa azione non sarà focalizzata su organismi specifici, ma sull'intero gruppo di insetti presenti in una coltura, prendendo in considerazione non solo gli aspetti entomologici, ma anche quelli fitopatologici, nutrizionali e il lavoro culturale appropriato e opportuno.

Andando un po' più a fondo, Calver (1983) fornisce alcuni concetti molto importanti da tenere in considerazione nella difesa integrata:
- Il controllo integrato è un approccio che massimizza l'uso dei fattori naturali di mortalità

integrati, se necessario, da misure di controllo artificiali.
- Le misure di controllo artificiali, in particolare l'uso di pesticidi convenzionali, devono essere seguite solo quando è possibile superare le soglie di danno economico,
- Il controllo integrato non dipende da una singola tattica o misura di controllo.

1.5.2. Componenti.

Il CIAT (1984) fornisce alcune opzioni per la gestione dei parassiti, raggruppate nei vari metodi classici conosciuti nella gestione dei parassiti:

1.5.2.1. Controllo fisico e meccanico.

Si tratta di pratiche dirette o indirette non chimiche utilizzate per distruggere i parassiti o per rendere l'ambiente sfavorevole alla loro introduzione, diffusione, riproduzione o sopravvivenza. Il controllo fisico comprende la manipolazione della temperatura, del fuoco, della luce, ecc.; il controllo meccanico comprende pratiche come la cattura degli insetti, l'uso di setacci o gabbie, nastri adesivi, trappole appiccicose, l'uso di oli, ecc.

1.5.2.2. Controllo biologico.

All'interno di questi possono essere utilizzati parassitoidi, predatori o agenti patogeni, questi ultimi comprendono diversi organismi come batteri, virus, funghi, ecc.

1.5.2.3. Controllo chimico.

Le tattiche utilizzate comprendono l'uso di insetticidi sistemici o di contatto, l'uso di prodotti granulari o spruzzati, l'uso di prodotti a bassa o alta tossicità e l'uso di prodotti sintetici o naturali (CIAT, 1991).

1.5.2.4. Controllo culturale.

Vengono citati la distruzione delle stoppie subito dopo il raccolto, l'eliminazione di ospiti alternativi per i parassiti, la rotazione delle colture per cercare di impedire al parassita di completare il suo ciclo biologico, l'anticipazione o il ritardo delle date di semina, ecc.

1.5.2.5. Controllo etologico.

Il suo obiettivo è una gestione basata sulla modifica del comportamento dei parassiti e può includere opzioni come l'uso di feromoni, sostanze chimiche alleliche, ormoni, trappole luminose, trappole colorate, ecc.

1.5.2.6. Controllo varietale.

È il metodo più promettente per ridurre la dipendenza dai pesticidi; è efficace, economico e sicuro per l'ambiente. Inoltre, è compatibile con altri metodi come il controllo biologico e culturale (CIAT, 1991).

1.5.2.7. Controllo legale.

Include l'applicazione di misure di controllo dei parassiti, basate su disposizioni legali attraverso leggi, decreti, regolamenti, ecc.

1.6. INSETTICIDI COME PARTE DELL'IPM.

1.6.1. Principi.

Se è vero che i pesticidi hanno un ruolo nel controllo dei parassiti delle colture, bisogna tenere presente che la IPM mira a ridurne l'uso ai livelli strettamente necessari, per evitare un uso indiscriminato, che ha portato solo alla generazione di resistenza degli insetti e a una crescente dipendenza dell'agricoltura dai pesticidi.

Cisneros (1983) e Lopez et al. (1985) sottolineano che i pesticidi devono essere solo una parte del controllo dei parassiti e non una parte dominante. Un buon modo per fare un uso corretto degli insetticidi come parte del controllo dei parassiti è quello di effettuare le applicazioni dopo aver monitorato le popolazioni e aver ottenuto le soglie economiche.

Un buon modo per risparmiare denaro e preservare l'ambiente.

Per questi motivi, è più che necessario conoscere alcuni dettagli di questi strumenti di disinfestazione.
Hallman (1985) afferma che è necessario sapere come gestire questi pesticidi per mantenerli redditizi e per ridurre al minimo i loro effetti sfavorevoli, poiché sono veleni che disturbano negativamente l'omeostasi dell'organismo e, sebbene siano diretti contro i parassiti, le loro proprietà tossiche colpiscono altri organismi come insetti utili, uccelli, pesci, piante e mammiferi, compreso l'uomo.

1.6.2. Misure di tossicità.

Marcellino e Van Choonhaven (1985) affermano che esistono diversi modi per esprimere la tossicità delle sostanze chimiche:
- LD 50 (acuta) "Dose letale" che uccide il 50% della popolazione entro un certo tempo, di solito 24 ore.
- LD 50 (cronica) "Dose continua" che uccide il 50% della popolazione in un periodo di tempo.
dato.
- TL 50 - "tempo letale" - tempo necessario per uccidere il 50 % della popolazione con un certo
dosi.
- LC 50 "Concentrazione letale": una concentrazione (nell'aria, nell'acqua, ecc.) che uccide il 50% delle persone che hanno subito un incidente.
la popolazione.
- Da 50 "Dose efficace", la dose che dà l'effetto desiderato al 50% della popolazione.
paralizzare, sterilizzare, ecc.)

La dose o la concentrazione è solitamente espressa al 50% perché è la media, di solito non si parla della dose che uccide il 100% della popolazione, perché ci sono sempre alcuni individui che teoricamente non muoiono, indipendentemente dalla dose. Secondo l'analisi Probit utilizzata per calcolare la dose, non si raggiunge mai il 100% di mortalità.
Nei pesticidi, la residualità negli alimenti non viene normalmente discussa perché un essere umano dovrebbe ingerire una grande quantità di cibo per sentirne gli effetti.

1.7. AZIONE DEGLI INSETTICIDI BIOLOGICI.
1.7.1. *Bacillus thurigiensis.*

È un batterio appartenente alla famiglia delle Bacillaceae che si trova nei terreni della maggior parte delle regioni del mondo; ha la capacità di formare spore resistenti ai cambiamenti climatici e agli ambienti avversi. Queste spore possono rimanere dormienti fino a quando non si rendono disponibili condizioni di umidità, nutrimento, ecc. Sono stati scoperti numerosi ceppi di *B. thurigiensis*, che si differenziano per le loro proprietà insetticide, tanto che il dottor Barjac dell'Istituto Pasteur di Parigi ha raccomandato la differenziazione mediante metodologia antigenica.

Ad esempio, il *B. thuringiensis kurstaki* produce solo proteine significativamente attive contro gli insetti lepidotteri, quelle del B. *thuringiensis israelensis* sono attive contro le larve di zanzara e le jenjene, mentre quelle del *B. thuringiensis tenebrionis* mostrano attività contro alcuni coleotteri.

Le principali tossine prodotte dal Bacillus sono. Delta-endotossina, che si trova nell'inclusione proteica del corpo parasporale B, solitamente in forma bipiramidale; questo cristallo è alcalino e dà luogo a motecole di dimensioni variabili, alcune delle quali sono tossiche per gli insetti. Alcuni prodotti commerciali, come Dipel (R) e Xentari (R), contengono cinque geni di protossina Beta-esotossina, termostabile in acqua, altamente tossica per molti insetti e alcuni vertebrati. Recentemente è stata rivelata la presenza di una proterna nella parete dell'endospora con caratteristiche chimiche e sierologiche molto simili alla proterna cristallina.

L'azione della delta-endotossina è rapida e la cessazione dell'alimentazione delle larve può essere osservata entro pochi minuti (10-15) dall'ingestione dei cristalli. Questo è l'effetto "knock-down" (arresto del danno) rispetto a quello degli insetticidi chimici (morte).

La tossiemia prodotta dalla delta-endotossina induce la larva a smettere di nutrirsi e può morire per inedia, anche a causa di gravi danni alla parete intestinale, all'interno della quale si trovano spore di Bacillus. Queste iniziano a germinare grazie alle condizioni favorevoli esistenti in quel momento, portando alla setticemia, un processo che può durare complessivamente 72-96 ore (Puerta, 1995).

1.7.2. Il ruolo del Neem nel controllo degli insetti.

Molte piante contengono un meccanismo protettivo naturale con cui sono destinate a respingere o a difendersi dai parassiti. L'albero di neem contiene sostanze attive di questo tipo, che possono essere ottenute semplicemente sciogliendole in acqua (GTZ, 1991).

Il neem protegge da una moltitudine di parassiti con un numero uguale di ingredienti; in genere il neem è una miscela di tre o quattro composti attivi correlati in un modo o nell'altro. In generale, questi composti appartengono a una classe generale di prodotti naturali chiamati "triterpeni", soprattutto limonoidi (Jacobson, 1986).

Finora nove limonoidi hanno dimostrato efficacia nel controllo degli insetti:
- Azadiractina. È l'agente principale dell'albero, strutturalmente simile agli ormoni degli insetti chiamati "ecdysone", che controlla la metamorfosi della crescita; quando gli insetti passano da larve a pupe e adulti, non si liberano della pelle. Pertanto, l'ormone dell'albero agisce come un blocco ormonale per gli insetti.
- Melantriolo. Con questo inibitore, l'insetto smette di mangiare a basse concentrazioni.
- Salanina. Questo composto inibisce l'alimentazione, ma non influenza la muta.
- Nimbina e Nibidina. Questi composti sono risultati avere un'attività antivirale (Jacobson, 1986). -

1.8. COLTIVAZIONE DI SARSAPODILLA NELLA PROVINCIA DI LOJA

Nella provincia di Loja, la sarsaparaja è ampiamente diffusa nella maggior parte dei villaggi: Esprndola, Lucero, El Ingenio, Sozoranga, Sabiango, La Victoria, Macara, Zapotillo, Paletillas, Mangahurco, Pindal, Alamor, Paltas, Gonzanama, Catamayo, El Tambo, Malacatos e Vilcabamba, piantati in associazione con la nmuz, sono la principale fonte di cibo per questi settori.

La preparazione del terreno è stata effettuata da ottobre a dicembre, con l'uso di un trattore agricolo, per la semina tra la fine di dicembre e l'inizio di gennaio. A Sabanilla e Centro Loja, il terreno è stato preparato a dicembre, dissodando il terreno per la semina di gennaio.

Il sistema di semina è con l'aiuto di una fresa. Vengono utilizzate accessioni come Bolona, Zarandajon e Musga, che sono le più accettate sul mercato. Si utilizzano sementi prodotte in azienda, trattate con Nubon per prevenire l'attacco dei parassiti e conservate in sacchi o cassette.

Nella maggior parte delle aree si effettuano due operazioni di diserbo con l'uso di falciatrici, impiegando otto giorni di manodopera per ciascuna di esse. Quando si utilizzano erbicidi, si applicano due applicazioni di Afalon alla dose di 1 kg/ha. Dopodiché, la coltura inizia a coprire il terreno, impedendo alle erbacce di crescere.

Dal punto di vista fitosanitario, è attaccata da parassiti come la cicala fogliare, che compare quando la pianta è alta 20 cm, colpendo le foglie, i germogli e seccando la pianta. La cocciniglia *Phyllofaga sp.* attacca la nuca delle piantine, causandone il dissecamento. In tutti i casi, i coltivatori affermano di non sapere quali prodotti siano efficaci, poiché non si tratta di un semplice parassita e i prodotti che i fornitori agricoli offrono loro non danno risultati soddisfacenti.

Come malattie importanti, segnalano il gelo, presente al momento della fioritura, che fa diventare la pianta di colore giallastro; risultati soddisfacenti sono stati ottenuti applicando vitafol in dosi di 2 kg/ha, concime fogliare.

La raccolta viene effettuata tra luglio e agosto, per la quale vengono impiegati 20 lavoratori a giornata/ha. In tutte le zone, la produzione viene venduta in agosto a commercianti che si recano nelle località o la portano loro stessi nei diversi centri di vendita; il 90% della produzione viene venduto, lasciando il 10% per il consumo.

Viene consumato fresco, mentre sta ancora crescendo e per un breve periodo dopo la raccolta, mentre il resto del tempo è secco, fino al nuovo ciclo. I sistemi di stoccaggio utilizzati dai contadini sono in "trojes", sacchi e nella zona di Sabanilla, con il sostegno della FAO, stanno costruendo dei silos. Il raccolto viene consumato come stufato con la varietà zarandajon, preparato con il riso, con una frequenza di consumo di tre volte alla settimana (Guaman 1998).

II MATERIALI E METODI.

- SEDE DELLA SPERIMENTAZIONE
È stata realizzata nella fattoria Zapotepamba, nella valle di Casanga, geograficamente compresa tra le seguenti coordinate:

Latitudine   :   04°02'16 "   Sud
Longitudine   :   79°45'27 "   Ovest
Altitudine   :   950 metri sul livello del mare.

Secondo i dati ottenuti presso la stazione meteorologica. Zapotepamba ha:
- Le precipitazioni medie annue sono di 552 mm.
- Umidità relativa: 77 %.
- Temperatura media annua: 18,2 °C
- Secondo la classificazione di Holdrige, corrisponde alla formazione Foresta.
premontagna secca (bs - PM).
- Secondo Koppen, il clima è tropicale semiarido (Maldonado, 1997).

- LAVORO DI LABORATORIO
Il lavoro di laboratorio è stato svolto presso la Facoltà di Scienze Agrarie della UNL, situata nella Ciudadela Universitaria la Argelia. Cantone Loja, Provincia di Loja. E consisteva nell'identificazione dell'entomofauna raccolta nel luogo di coltivazione.

2.1. MATERIALI
2.1.1. De Campo.
A livello di campo, oltre agli attrezzi per la lavorazione del terreno per la fase di coltivazione, sono stati utilizzati taccuini, contatori digitali, contenitori di plastica, etichette di identificazione, macchine fotografiche, sementi, input, acqua di irrigazione, ecc.

2.1.2. Dal laboratorio.
Tra i materiali e le attrezzature necessarie per la fase di laboratorio di questo progetto vi sono: gabbie di allevamento, piante di wattle in vaso, posture di defogliatori raccolte sul campo, stereoscopio, microscopio, termometro, igrometro, attrezzatura fotografica, pennelli, strumenti di laboratorio (coperchi e supporti, accendini, matraccio letale, pinzette, ecc.), agar per l'alimentazione degli adulti, ecc.

2.1.3. Reagenti.
Idrossido di potassio al 10%, idrato di cloralio, glicerina, acqua distillata, alcol al 90%, gomma arabica, xilolo, fenolo.

- AGROTECNICA
- Gestione delle colture.
Tutte le attività di gestione delle colture erano conformi a quanto fatto dai produttori della zona.

- Preparazione del terreno.
Per prima cosa è stata effettuata l'aratura con l'aiuto di un trattore agricolo, poi è stata eseguita l'assolcatura, delimitando 28 parcelle, in cui sono stati seminati i semi di sarsen.

Seme.
Banca del Germoplasma dell'UNL, che mantiene dopo la raccolta in vari siti della provincia di Loja. È stata utilizzata un'accessione di sarsapodilla bianca, piccola e semi-repellente.

Semina.
Questo è stato fatto all'inizio di dicembre, in associazione con il mais, varietà Brasilia, con l'uso di una spiga. Dopo 30 giorni di germinazione, è stata effettuata una concimazione di

base con il 18-46-00. La distanza di semina utilizzata è stata di 1,5 m tra le file e 1,2 m tra i siti, con due semi di mais e due di sarsen.

Lavoro culturale.
Secondo l'esperienza dei produttori, il diserbo è stato effettuato un mese dopo la semina, un secondo due mesi dopo la semina e il terzo tre mesi dopo la semina.

- Raccolta e commercializzazione.
È stata effettuata quando le piante hanno raggiunto la maturità fisiologica e commerciale. Per completare il ciclo produttivo, il volume raccolto viene trasferito ai centri di approvvigionamento per la vendita.

2.2. METODOLOGIA

2.2.1. Metodologia per l'obiettivo 1

"Identificare le specie defogliatrici di rovo nel sistema agricolo di Zapotepamba".

Per raggiungere il presente obiettivo, gli adulti emersi dalle pupe in laboratorio sono stati utilizzati per l'assemblaggio dei genitali, secondo la metodologia utilizzata da Orellana e Tapia (1995):

- Macerare in idrossido di potassio al 10% nell'addome per 30 minuti, riscaldare la soluzione in un bruciatore Bunzer.
- Lavarli con alcol al 90%.
- Estrarre i genitali con l'aiuto di uno stereoscopio e di aghi da dissezione.
- Disidratarli in una soluzione di xixolo-fenolo (75-25 %).
- Realizzare set-up di osservazione utilizzando il mezzo di Hoyer.

Per completare l'identificazione, sono stati realizzati montaggi di adulti con l'aiuto di spilli entomologici e schiuma flessibile, e sono stati effettuati confronti con gli esemplari identificati da Okumura (1967) e con le chiavi per l'identificazione degli adulti di: (Metcalf, 1991; Ross, 1973; Etcheverry & Herrera, 1972).

2.2.2. Metodologia per l'obiettivo 2.

"Studiare le diverse fasi del ciclo biologico dei parassiti defogliatori e dei loro nemici naturali per stabilire tattiche di controllo".

Per raggiungere questo obiettivo, il lavoro è stato svolto sia in campo che in laboratorio.

2.2.2.1. Ciclo biologico.

I pali sono stati raccolti da campi coltivati a bacche. Sono state poi portate in laboratorio, poste su carta da filtro in scatole di plastica e collocate all'interno delle gabbie di allevamento. Successivamente, sono state annotate con cura tutte le informazioni utili (Tabella 1 dell'apëndice).

Sono stati registrati i dati relativi alla temperatura, all'umidità relativa, alla variazione del colore delle uova e al processo di schiusa delle larve. Per ogni codice è stata tenuta una scheda di registrazione dei dati (Tabella 2. dell'apëndice).

Una volta schiuse, le larve sono state nutrite con foglie tenere e fiori di wattle, lavate in acqua di rubinetto, e sono stati osservati la sopravvivenza delle larve, l'area di foglie consumata, le abitudini alimentari, il periodo di muta e le dimensioni delle larve (larghezza della testa e lunghezza del corpo). Questi valori sono stati registrati nel rispettivo formato (Tabella 3 dell'apëndice).

L'area fogliare consumata è stata calcolata mettendo in relazione i pesi delle aree riprodotte su carta bond.

Una volta completato lo sviluppo larvale, le pupe marcate e numerate sono state poste in camere di emergenza in cui è stato determinato il tempo di comparsa degli adulti.

2.2.2.2. Fluttuazione della popolazione.

Lo studio della dinamica delle popolazioni è stato condotto in campi coltivati a rovo, dove è stato effettuato un monitoraggio durante il ciclo colturale, con una frequenza di 15 giorni per determinare il numero di larve per pianta e stabilire il parassita più importante dal punto di vista economico, con le informazioni raccolte per determinare la media (x), l'aggregazione media (M+) e la varianza (S).^{2}

Abbiamo quindi proceduto secondo le metodologie riassunte e raggruppate da Orellana e Tapia (1995), per determinare l'indice di Morisita (I) e mettere in relazione la media con l'aggregazione media nella legge di Iwao.

Le formule utilizzate a tale scopo sono state:
Indice della morisite

$$I = N \left(\frac{SX^2 - S(X)}{\Sigma(X^2) - \Sigma X} \right)$$

Dove:
    I= Indice di morisite
    N=   Numero di campioni
    X=Larve per unità di   sforzo o campione

Se l'indice assume un valore pari a zero, la distribuzione è casuale, con un valore dell'indice inferiore a uno, la distribuzione è regolare, per un indice superiore all'unità, la distribuzione è aggregativa.

Nella legge di Iwao, la media (X) era correlata all'aggregazione media (M).

$$M^* = A + BX$$

Essere:
A = Indice di contagio di base, riflette il modo in cui l'individuo o il gruppo di individui si trova nell'ambiente.
B = Coefficiente di densità del contagio. Riflette la posizione dell'individuo o del gruppo di individui nell'ambiente.

$$M^* = \text{Agregación } X + \frac{S^2}{X} - 1$$

L'interpretazione di questi indici secondo Cadahia, citato da (Curay, 1999; Orellana, 1999). & Tapia, 1995) è:

Parametro	Valore	Interpretazione
	< 0	Tendenza individuale alla repellenza
A	= 0	Individui isolati
	>0	Tendenza degli individui a raggrupparsi
	< 1	Individui/colonie distribuiti regolarmente
B	= 1	Individui/colonie distribuiti in modo casuale
	>1	Individui/colonie distribuiti in modo aggregativo

2.2.2.3. Nemici naturali.

Per l'identificazione dei nemici naturali, il sono stati riconosciuti direttamente in campo e in laboratorio dalle larve, che sono state confinate in scatole fino alla comparsa del parassita adulto o di un altro individuo se parassitato.

2.2.3. Metodologia per l'obiettivo 3.

"Determinare l'efficacia di insetticidi naturali, botanici e biologici nel controllo delle popolazioni di rovi defoglianti, al fine di stabilire la migliore alternativa di controllo economico".

Per raggiungere questo obiettivo, sono stati valutati gli insetticidi naturali, botanici e biologici *Bacillus thurigiensis var Kunstaki* e Neem *Azadirachta indica*, con tre applicazioni, la prima all'inizio della fioritura e le due successive a un intervallo di 15 giorni.

Nel caso del *Bacillus thurigiensis*, sono stati utilizzati tre prodotti commerciali con lo stesso principio attivo, ma di produttori diversi; lo stesso vale per il Neem (Tabella 1).

- Sono state delimitate unità sperimentali di 36 metri quadrati (6 x 6 m), in cui sono stati applicati i rispettivi trattamenti, dopo la calibrazione dell'attrezzatura di irrorazione. Il monitoraggio è stato effettuato prima del trattamento e dopo 24, 48, 72 e 96 ore, allo scopo di per determinare l'efficienza di ciascuno di essi. Al termine, è stata valutata la produzione ottenuta, al fine di
verificare l'azione del controllo nell'aumentare la produzione.

2.2.3.1. Disegno sperimentale.

È stato utilizzato uno schema a blocchi randomizzato con quattro ripetizioni, il cui modello matematico è:

$$Y_{ijk} = u + A_i + B_j + (AB)_{ij} + R_k + E_{ijk}$$

Dove:
U=La media complessiva del test.
A_i =E' l'effetto effetto dell'insetticida.
B_j =E' l'effetto effetto della presentazione.
AB_{ij} =Interazione tra insetticida e formulazione.
R_k =E' l'effetto effetto delle repliche.
E_{ijk} =Er errore sperimentale.

I trattamenti da confrontare sono riportati nella tabella seguente:

Tabella 1. Confronto dei trattamenti per il controllo della tignola dei fiori di rovo *Lablab purpureus* L, a Zapotepamba.

Numero	Codice	Descrizione		
		Insetticida	Nome commerciale	Formulazione Dosaggio/ha
1	T1	Oli E.	Hovipest	CE 2.8 L
	T2	Bacillo	Biolep 2X	PM 500 g
	T3	Neem	Pestone	CE 2.8 L
	T4	Bacillo	Biolep 8L	CE 1 litro
5	T5	Neem	Nematron	CE 3,47 L
	T6	Bacillo	Biolep 2X	PM 750 g
	A	Testimone	controlli assoluti e nulli dei lepidotteri	

Per la gestione dell'errore sperimentale, sono state effettuate quattro repliche. Il numero totale di unità sperimentali è stato: 7 x 4; con un totale di 28 unità sperimentali, ciascuna costituita da una parcella di 36 m² (6mX6m).

Le ipotesi statistiche erano:

H0= I trattamenti non sono statisticamente differenti
H1= Almeno due dei trattamenti sono statisticamente differenti

2.2.3.1.1. Dati da rilevare.

Dopo 24, 48, 48, 72 e 96 ore dall'applicazione dell'insetticida, sono stati effettuati i conteggi delle popolazioni di insetti e trasformati in percentuali di mortalità aggiustate (Ma) per determinare l'efficacia utilizzando la formula di Henderson e Tilton. Per l'analisi statistica, i dati sono stati trasformati in arcseno.

Ma = {1- [(trattamento dopo x test, prima) / (trattamento, prima x test. dopo)]} x 100

L'interpretazione dell'efficacia è stata (Cortes, 1972):

a. Altamente efficiente, con una mortalità corretta del 92,5-100%.
b. Efficiente con una mortalità aggiustata dell'82,5-92,5%.
c. Regolare, con una mortalità aggiustata del 72,5-82,5%.
d. Carente, con una mortalità corretta inferiore al 72,5%.

Alla fine del ciclo colturale, sono state valutate le variabili di resa in kg/ha di prodotto per determinare l'effetto sulla resa.

Tutte le variabili valutate sono state:
- Numero di chicchi sani presenti nei baccelli danneggiati, 20 baccelli per unità sperimentale presi a caso.
- Resa in kg/parcella e kg/ha di granella sana per ogni trattamento.
- Costo di produzione di ciascun trattamento.
- Calcolo della soglia d'azione, utilizzando la formula.

$$UA = \frac{c}{P\,b\,k} + ps$$

Dove:
P = Prezzo del raccolto
b = Indice di regressione b/100.
c = Costo di controllo
k = Efficienza dell'insetticida
ps = Indice fisiologico | a | / b (secondo Norton).

2.2.3.1.2. Analisi della varianza.

I dati sono stati ordinati prima dell'analisi della varianza per determinare quali sono i migliori.

Tabella 2. ADEVA utilizzati nella sperimentazione, Zapotepamba.

Fonti di variazione	GL	SC	CM	
				Relazione F %
				Relazione F %
				Relazione F %
				Relazione F %
				Relazione F %
				Relazione F %
				Relazione F %
				Relazione F
				51
Blocchi				
Trattamenti				
Errore				
Totale				

Il test di significatività utilizzato è il Multiplo di Duncan, con un livello di significatività dello 0,05%.

2.2.3.1.3. **Specifiche di progettazione.**

Insetticidi 6
Dosaggi 1
Trattamenti 7
Rëplicas 4
Totale unità sperimentali 28
Area di un'unità sperimentale 36 m^2
Area di prova complessiva 1   147,5 m^2
Spaziatura tra le file 1 ,5 m
Distanza tra i siti 1   ,2 m
Solchi per   parcella 4
Siti di Solco 5

2.2.3.1.4. **Ubicazione degli appezzamenti.**

La figura seguente mostra l'ubicazione delle parcelle in cui è stato testato ogni trattamento, con le rispettive repliche.

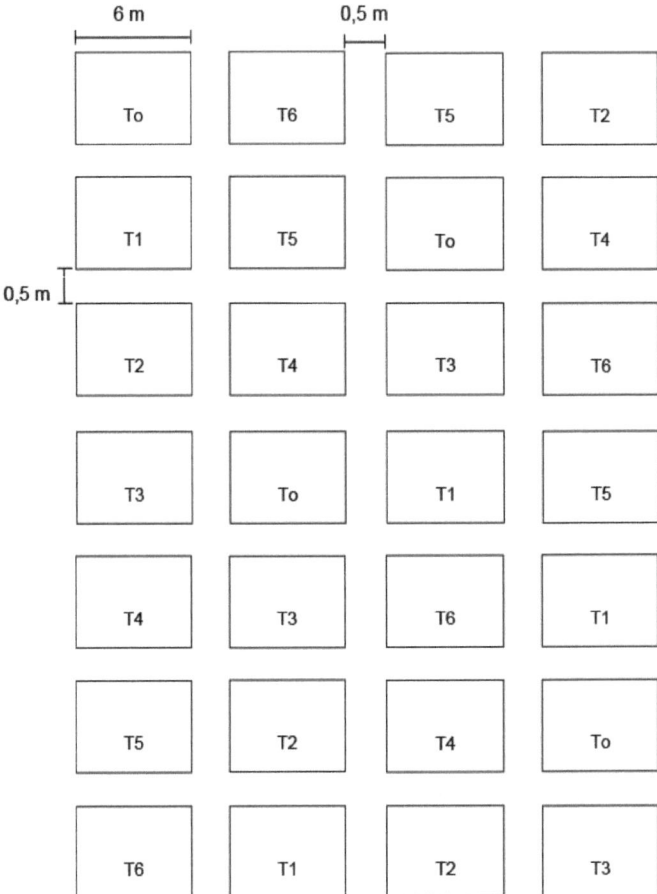

Figura 1. Disposizione dei trattamenti per il presente lavoro di ricerca. Zapotepamba.

RISULTATI
2.3. TASSONOMIA

Dal punto di vista tassonomico, la falena del rovo presente nell'area di studio corrisponde a un bruco di lepidottero; in base alle caratteristiche morfologiche delle ali, rientra nei seguenti taxa, come riportato nella seguente scheda tassonomica

Fillum	*Artropoda*
Classe	*Insecta*
Sottoclasse	*Apterogigenia*
Ordine	*Lepidotteri*
Sottordine	*Eteroneura*
Divisione	*Eterocera*
Superfamiglia	*Pyralidoidea*
Famiglia	*Pterophoridae*

Fillum	*Artropoda*
Sottofamiglia	*Platyptiliinae*
Gënero	*Capperia*
Specie	*Britanniodactyla*

2.4. DESCRIZIONE DELLO STATO DI ADULTO

Gli adulti sono farfalle che misurano 7,2-8,00 mm di lunghezza, rispettivamente nella femmina e nel maschio, sono brunastri (bruno-giallastri) con macchie nere triangolari distribuite sull'addome, sulle ali hanno anche due macchie nere coperte da squame che danno loro l'aspetto di piume, si nutrono di notte, rifugiandosi durante il giorno tra le colture di rovi ed erbacce.

Sul capo si trovano un paio di antenne, due grandi occhi composti, un apparato di suzione (proboscide), un paio di palpi e il labbro. Le dimensioni del capo sono 302 X 105 u (Fig. 2), le antenne sono moliniformi, composte da scapo, pedicello e flagello, il primo misura 18 u, il secondo 18 u, il secondo 130 u e il terzo 130 u, quest'ultimo costituito da artefatti arcuati che nascono dalla sommità del capo.

Il torace è costituito da tre segmenti toracici: protorace, metatorace e mesotorace. Da questi si diparte una coppia di zampe composta da coxa, femore, tibia e tarso. La lunghezza del primo paio di zampe è di 822 u, il secondo misura 948 u e l'ultimo misura 1208 u. Dal torace si dipartono anche due paia di ali, il primo paio con una fessura e il secondo con due fessure (Fig. 3), ricoperte da squame che gli conferiscono l'aspetto di ali. Il primo paio di ali misura 0,8 mm e presenta venature, mentre il secondo paio misura 6,0 mm e non presenta venature.
ha vene, ha un freno.

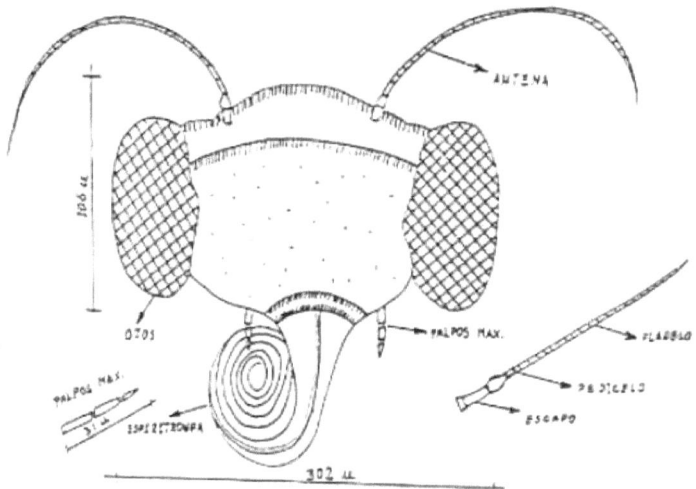

Figura 2. Rappresentazione schematica della testa della falena del **rovo** adulta con le sue rispettive parti.

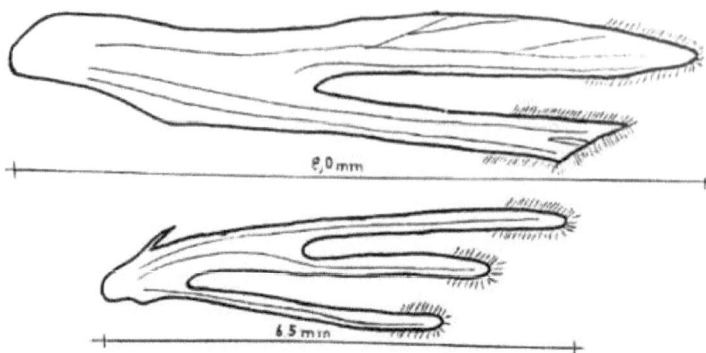

Figura 3. Rappresentazione dell'ala anteriore e dell'ala posteriore della falena.

Presenta cinque segmenti addominali; nell'ultimo segmento si trova il apparato riproduttivo; nel maschio misura 151 X 140 u e nella femmina 110 X 127 u ricoperto da squame (Fig. 4).

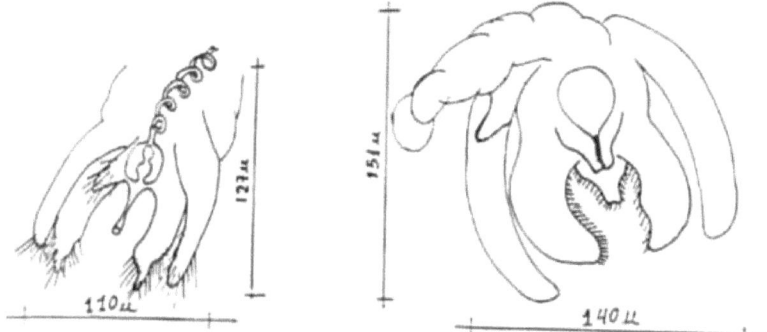

Figura 4. Genitali di maschio e femmina.

Questa farfalla ha tre paia di zampe sottili ricoperte di squame, di dimensioni diverse e le cui misure sono le seguenti: il primo paio misura 759 u, il secondo 948 u e il terzo 1208 u; come nella maggior parte dei lepidotteri le zampe sono formate da coxa, fSmur, tibia, tarso. Il primo paio di zampe non ha empodi, il secondo paio ha un paio di empodi ciascuno e il terzo paio ha due paia di empodi ciascuno, come mostrato in Fig. 5.
Il tarso è costituito da strutture molto sottili nella parte terminale delle zampe e presenta un paio di tarsi molto sottili che servono a fissarsi alle parti vegetative della pianta.

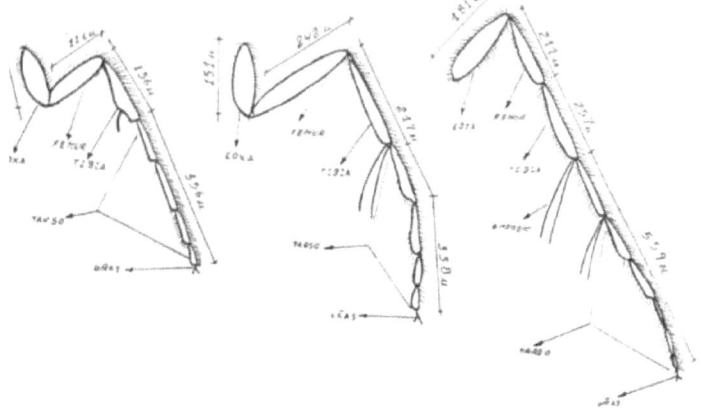

Figura 5. Rappresentazione schematica delle tre paia di zampe della falena del rovo adulta.

2.5. DISTRIBUZIONE GEOGRAFICA

Nella provincia di Loja, con la sua grande diversità climatica ed ecologica, i lepidotteri della famiglia Pterophoridae sono associati a diverse colture in climi temperati e freddi tropicali tra i 900 e i 2800 metri di altitudine; nello specifico questo lepidottero è un parassita distribuito nei cantoni di Loja, Paltas e Catamayo, dove la specie *Lablab purpureus* L. è coltivata con minore o maggiore intensità.

A Zapotepamba, alcune famiglie di Lepidotteri allo stadio larvale sono associate alla coltivazione del rovo, le cui popolazioni non rivestono importanza economica.

Uno dei problemi per l'identificazione delle specie di Lepidotteri è la mancanza di informazioni, per questo motivo in questa tesi ci limitiamo a identificare questa famiglia di Lepidotteri, a causa del fatto che ci sono pochissimi entomologi al mondo che studiano queste famiglie perché sono micro-Lepidotteri molto difficili da identificare.

2.6. DONACI

Questa "falena" attacca la coltura della viola del pensiero quando è in fiore. Il profumo dei fiori attira gli adulti notturni, che depongono le uova su tutta la pianta, danneggiando i fiori teneri e maturi e le parti apicali della pianta.

I fiori vengono perforati fino a raggiungere l'ovario; raramente attraversano completamente il fiore, lasciando l'ovario danneggiato. I fori sono di forma rotonda e il diametro dipende dallo stadio di sviluppo della larva.

2.7. BIOECOLOG^A

2.7.1. Copulazione, ovodeposizione e fertilità.

Quando le farfalle escono dalla pupa dopo tre giorni, nelle ore del crepuscolo avviene la copula, un atto che dura alcune ore e che si ripete due volte nel ciclo vitale, con il quale la femmina e il maschio mettono a contatto i loro genitali e si uniscono in forme inverse.

In condizioni di confinamento la femmina inizia a deporre le uova cinque giorni dopo la comparsa, le uova vengono deposte in diverse parti delle gabbie di allevamento in isolamento: l'ovodeposizione avviene di solito durante il giorno.

In laboratorio sono state contate un massimo di 110 e un minimo di 33 covate, con una media di 71,5. Le condizioni non sono le stesse del campo e per questo motivo si stima che in campo il numero di covate sia più alto, come confermato dalla dissezione delle femmine morte che hanno ancora le uova al loro interno. La durata media della vita degli adulti varia tra i 40 e i 18 giorni, con una media di 24,8 giorni in confinamento.

2.7.2. Ciclo di vita.

Questo lepidottero ha un ciclo completo, cioè passa attraverso i seguenti stadi: uovo, larva, pupa e adulto.

= Uovo

Le uova sono di colore verde lime, che diventa marrone con lo sviluppo dell'embrione, cioè mentre il bruco si sta formando, misurano 18,15 x 33,3 u, con scanalature pentagonali all'esterno. L'uovo si schiude dopo 4 o 5 dm a una temperatura di 20 gradi centigradi e un'umidità relativa dell'85%. Quando la larva ha completato il suo sviluppo, il corium si rompe, producendo la larva del primo astro. **Tabella 3.** Fecondità e longevità delle femmine della falena dei fiori di zarandaja, Zapotemba.

Spetfmenes	Fecondità (uova)	Longevità (di'as)
1	101	40
		30
	88	26
5		21

		23
8	51	26
10		
Media	65	28,4
Deviazione tipica	21	7,0

Stadio larvale

Come la maggior parte dei Lepidotteri, si tratta di una larva erusiforme con tre paia di zampe toraciche e cinque false zampe o pseudozampe sul terzo, quarto, quinto, sesto e decimo segmento. Le larve sono attive durante la notte, camminando sui grappoli e sui boccioli dei fiori di cui si nutrono. Nei monitoraggi effettuati nelle coltivazioni di rovo, sono stati trovati ammassi di larve distribuiti casualmente in una media di sei larve per infiorescenza. La *tabella* 5 mostra le caratteristiche strutturali delle larve del quarto istato.

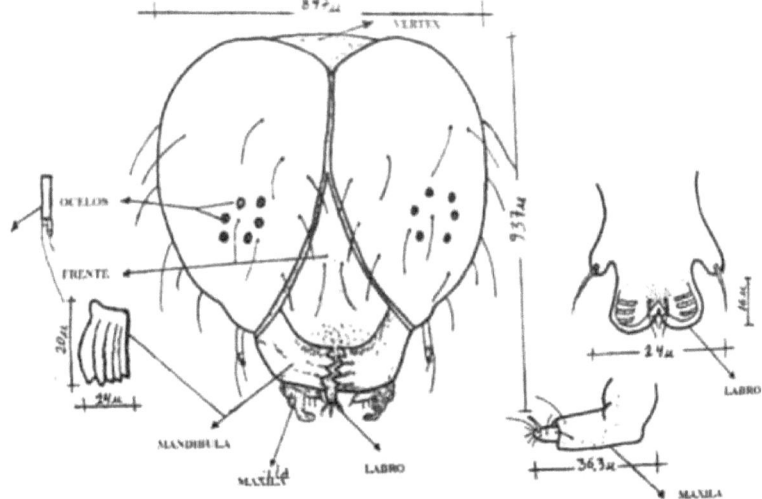

Figura 6. Rappresentazione schematica della testa di una larva di tignola del rovo.

= **Prima fase**
In questo primo stadio la larva è di colore biancastro e misura 09 mm, con due lunghe setae sul nono segmento addominale, sul protorace c'è una macchia nera (scudo toracico) e la testa è nera, il che la rende visibile, il consumo di fiori è insignificante in questo stadio perché non penetra nel fiore, questo stadio termina quando la larva misura 2,5 mm.

= **Seconda fase**
A questo stadio la larva misura 3,0 mm di lunghezza. La colorazione è bianco-verdastra e sono presenti quattro linee che corrono nel senso della lunghezza, in questo stadio la larva non riesce ancora a perforare il fiore, ma riesce a masticare parte del fiore, per fare la muta rimane immobile senza nutrirsi, cambiamento che effettua durante la notte, la muta rimane attaccata a un lato del fiore. Allo stato confinato ha abitudini da carrnvoro, cioè mangia le larve degli istari inferiori; la larva termina questo stadio quando è lunga 4,5 mm.

Terza fase
La larva misura 5,5 mm e presenta anch'essa caratteristiche simili allo stadio precedente, con due lunghe setae sul nono segmento addominale, quattro strisce marrone scuro che

attraversano la larva nel senso della lunghezza, due sulla parte superiore e una su ciascun lato, piede anale, pinacoli arrotondati sul dorso, pelle rugosa con sprnule coniche. Le larve si nutrono di fiori teneri, che penetrano fino a raggiungere l'ovario; in rare occasioni penetrano completamente nel fiore. L'orifizio prodotto dalla larva è di forma rotonda, da cui fuoriesce quando sta per fare la muta. Questo stadio termina quando la larva raggiunge i 7,5 mm.

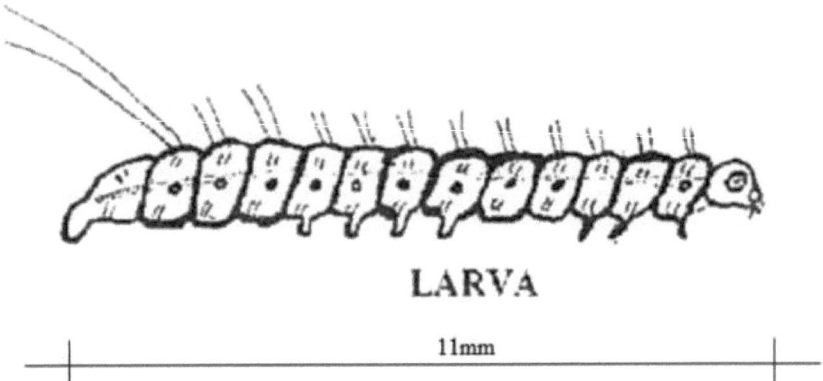

Figura 7. Rappresentazione grafica della larva di rovo.

Quarta fase

In questo stadio la larva presenta una colorazione bianco-verdastra con quattro strisce ben definite di colore marrone scuro, due sulla parte superiore del corpo e una su ciascun lato del bruco, oltre a una pelle rugosa sul dorso con spine coniche e pochissime setae e pinne marcate. Questo stadio inizia quando la larva misura 8,5 mm e arriva fino a 11 mm, cioè la larva raggiunge il suo massimo sviluppo e consuma un fiore al giorno per tre giorni, due giorni prima di diventare una pupa rimane immobile senza nutrirsi e inizia a ridurre le sue dimensioni, raggiungendo i 9,0 mm, dopo essere stata assicurata con fili di seta. La mappa setale della larva del quarto istaro è mostrata nella Fig. 8.

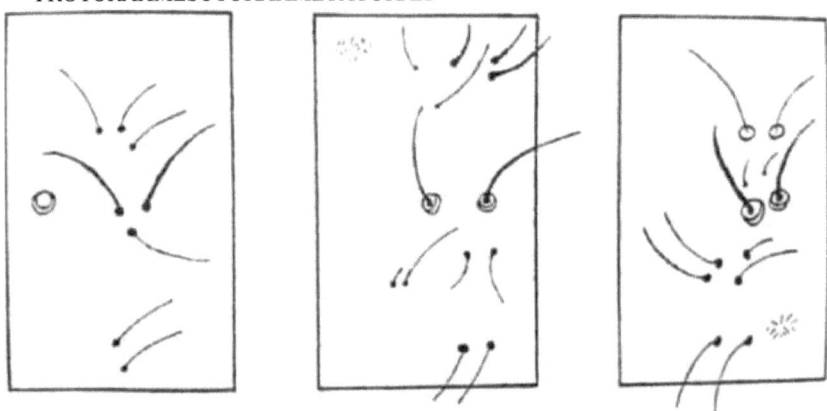

Figura 8. Mappa setale di una larva di tignola del rovo.

= Pupa

La pupa è arcuata e verde chiaro nei primi giorni, poi diventa marrone scuro.
Ha nove segmenti, una linea che attraversa longitudinalmente le estremità del corpo, con lunghe setae su tutto il corpo. Una membrana nasce dal settore frontale e termina al sesto segmento Fig. 9.

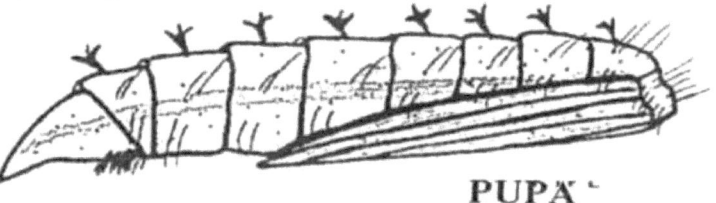

8,0 mm

Figura 9. Rappresentazione di una pupa di tignola del rovo.

In questo stato rimane per sei giorni a una temperatura di 20 gradi Celsius e un'umidità relativa dell'85%, poi la struttura nella parte superiore dell'involucro si rompe e la farfalla nasce e rimane immobile per qualche istante per asciugare le ali.

Questo stadio è caratteristico degli insetti a metamorfosi completa, uno stadio in cui i tessuti embrionali, attivati da un equilibrio ormonale, dissolvono i tessuti larvali per ricostruire altri organi che caratterizzano lo stadio adulto.

1.1.3. Adulti, abitudini e comportamenti.

Con il movimento della farfalla, la membrana nella parte superiore o vertice della pupa si rompe, dando luogo alla nascita della farfalla.

Al confino la farfalla viene posta nella parte superiore delle gabbie di allevamento, separata o isolata dalle altre. La femmina si unisce al maschio dopo tre giorni per essere copulata, rimanendo in questo stato per due o tre ore durante il crepuscolo del mattino, un atto che si ripete più volte nello stadio adulto.

La femmina in ovodeposizione depone le uova una alla volta, separatamente e in qualsiasi parte del contenitore.

Nelle indagini sul campo sono state trovate posture sulla superficie superiore di foglie, steli, fiori teneri e gemme. L'adulto è lungo 7 mm nelle femmine e 8,0 mm nei maschi Fig. 10.

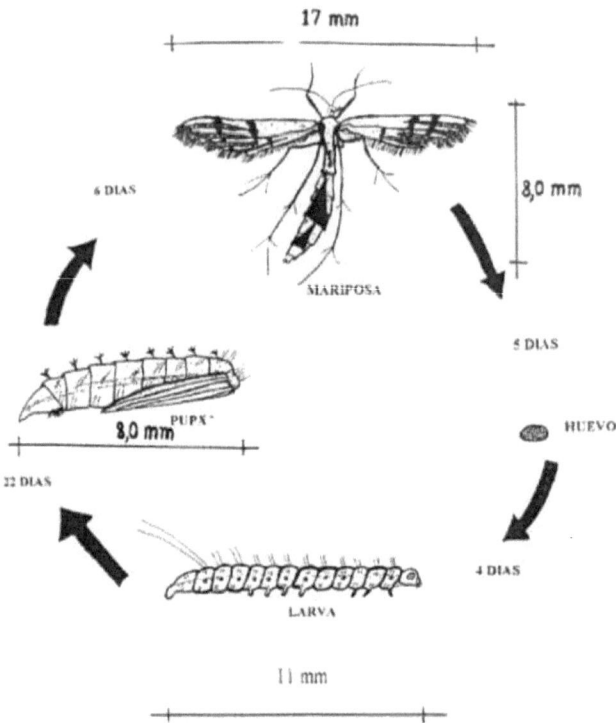

Figura 10. Rappresentazione del ciclo di vita della falena del rovo.

1.1.4. Durata del ciclo biologico.

Il ciclo vitale di questa farfalla dura da 32 a 37 giorni. Un riepilogo della durata del ciclo di vita è riportato nella Tabella 2. In confinamento la longevità media della farfalla è stata di 34,5 giorni.

Tabella 4. Durata del ciclo vitale delle femmine di tignola del rovo.

Stato di sviluppo	Dimensioni (U)	Durata (giorni)
Uovo	0,6 X 0,3	4 - 5
Larva I istar		
Larva II instar		
Larva III instar		22 - 24
Larve IV instar		
Pupa	8000	6 - 8
Donna adulta	7200	21 - 40
Uomo	8000	
Ciclo totale uovo-adulto		32 - 37

1.1.5. Popolazione

Nei monitoraggi effettuati su colture di sarsapodilla nel sistema agricolo di Zapotepamba dove non vengono effettuati controlli fitosanitari, gli stessi che sono stati effettuati nei mesi di agosto-settembre 2001, è stato riscontrato un massimo di 6,59 e una media di 4,82 larve per germoglio (Tabella 3 dell'apëndice).

Tabella 5. Dinamica di popolazione della falena dei fiori di rovo.

Data	Media	Varianza
15 - 08 - 2001	2, 41	3, 49
22 - 08 - 2001	5, 40	3, 00
29 - 08 - 2001	6, 59	2, 83
05 - 09 - 2001	5, 56	7, 01
12 - 09 - 2001	4, 18	1, 03
Riassunto	24, 14	17, 36
Media	4, 82	3, 48

2.8. INDICE DI DISPERSIONE DELLE UOVA E STATI LARVALES.

La Tabella 5. mostra gli indici di dispersione calcolati a partire dai dati delle coltivazioni di sarsapodi a Zapotepamba.

Per il modello di Taylor, in cui l'infestazione media (larve per pianta) è correlata alla sua varianza, il suo indice era maggiore di zero.

Nel modello Iwao, l'indice di contagio di base era maggiore di zero e i valori degli indici beta o di aggregazione erano maggiori di zero.

L'indice Morisita assume un valore maggiore di zero.

Secondo i tre modelli, è evidente che le uova e le larve in campo sono distribuite in forma aggregata, a causa delle abitudini di deposizione degli adulti, che ovidepongono le uova separatamente, e le larve si trovano anch'esse separatamente sulle piante e vi rimangono fino a raggiungere lo stadio adulto.

Nella Fig. 11, 3ë traccia l'andamento dell'infestazione media e dell'aggregazione, per la quale sono stati ottenuti un indice di dispersione di 0,84 e un coefficiente di correlazione di 0,94 (Tabella 6); in base a ciò è evidente che la distribuzione spaziale della falena era regolare, mentre l'elevata correlazione indica che il modello IWAO si adatta ai dati registrati in campo.

Tabella 6. Tassi di dispersione delle larve di tignola del rovo.

Luogo	a	Taylor b	r	a	Iwao b	r	Morisita I S
Zapotepamba	2, 05	0, 23	0, 13	0, 53	0, 84	0, 94	0, 91

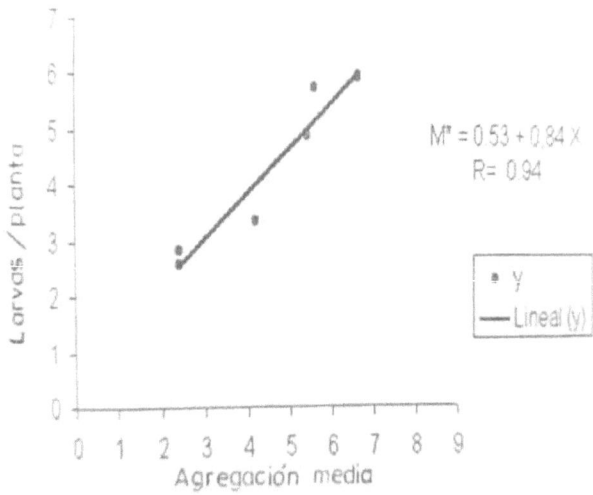

Figura 11. Incidenza della tignola del rovo.

2.9. DEFOGLIATORI O PARASSITI INDIRETTI.

L'entomofauna che migra dalla vegetazione naturale e da altre colture al rovo per stabilirsi e poi riprodursi, e in altri casi solo per nutrirsi di ospiti, nel caso di **predatori** e parassitoidi, classificati a livello di famiglia e genere. Questi sono riportati nella Tabella 7.

Tabella 7. Ospiti di entomofauna fitofaga, parassitoidi, **predatori** e impollinatori, raccolti nella coltura della zarandaja. Zapotepamba.

ORDINE	FAMIGLIA	GENERE	ATTIVITÀ
Coleotteri	Crisomelidi	*Cerotoma*	Defogliatore
	Crisomelidi	*Disbrotica*	Defogliatore
	Bruchidae	*Zabrotes*	Weevil
	Coccinellidae	*Ipodamia*	Predatore
Lepidotteri	Noctuidae	*Heliothis*	Defogliatore
	Noctuidae	*Trichoplusia*	Defogliatore
	Noctuidae	*Anticarsia*	Defogliatore
	Noctuidae	*Spodoptera*	Defogliatore
	Esperidi	-	Defogliatore
	Esperidi	-	Defogliatore
Omotteri	Afidi	*Macrosifone*	Germogli di polloni
	Acadellidae	*Empoasca*	Succhiatore
	Pseudococoidi	*Pseudocus*	Succhiatore
Em^ptera	Reduvidae	*Zelus*	Predatore
	Geocoridi	*Geocoro*	Predatore
	Tinguidae	*Corythaica*	Fitofago
Tisanotteri	Tripidi	*Ercotrips*	Raschietto
		Franklinella	Raschietto
Eminotteri	Vespidae	*Polistes*	Predatore

	Broconidi	*Ricorrenti*	Parassitoide
	Famicudae	*Eptonomera*	Predatore
D^ptera	Serphidae	*Allograpta*	Predatore
	Tachimidae	*Weinthemia*	Parassitoide
Actenedide	Tetranichidae	*Tetranico*	Fitofago
	Phytosseridae	-	Predatore

2.9.1. <u>*Cerotomia sp.*</u>
                              Coleotteri - Crisomelidi
Gli adulti sono avidi consumatori di tessuti
giovani piante, producendo perforazioni di forma irregolare nella lamina fogliare; a seconda della popolazione, possono causare defogliazioni superiori al 30%, che è considerata la soglia del danno economico.

2.9.1.2. <u>Descrizione.</u>
Gli adulti sono coleotteri lunghi 4,5-6 mm,
con il corpo tra il giallo chiaro delle zampe e dei segmenti sternali del torace, e il nero nella zona degli Slitros; questi presentano macchie da gialle a rossastre separate da altre nere di forma irregolare, la superficie delle ali anteriori con una fitta punteggiatura che forma un microrilievo.

2.9.1.3. <u>Biologia.</u>
                                       I coleotteri del genere Cerotoma, a partire dal
Le Diabrotica completano parte del loro ciclo di vita nel terreno, dove depongono masse d'uovo bianche ed epittiche che, dopo il periodo embrionale, si sviluppano in larve di tipo disfomide.

Le larve schiuse si nutrono di radichette di erbe infestanti; la durata di questa fase di sviluppo è sconosciuta. Una volta terminato il periodo larvale, le larve costruiscono piccole capsule nel terreno umido dove si impupano per poi diventare adulti ed emergere dal terreno.

Gli adulti vivono per più di un mese, i maschi muoiono per primi pochi giorni dopo la copula. Le femmine sono attive durante il giorno e nelle prime ore del mattino, nutrendosi delle giovani foglie; in pochi giorni l'addome si distende per la formazione delle uova e poi le depone nel terreno umido a una profondità di 1-2 cm, dando inizio a un nuovo ciclo.

Il ciclo vitale dura oltre 2 mesi, da uovo-adulto a uovo, accompagnato dalla morte della femmina. Almeno 2 generazioni emergono dal terreno durante il ciclo vegetativo del rovo.

2.9.2. <u>**Bruchi defogliatori.**</u>
Il secondo gruppo di parassiti defogliatori che possono essere classificati come parassiti potenziali è costituito da tre specie di *Noctuidae*, la cui identificazione a livello di genere, basata sulla mori'oiogia larvale, corrisponde a *Heliothis*, *Trichoplasia* e *Spodoptera* (Okumura, 1972).

2.9.2.1. <u>Danni</u>
Le larve di **Heliothis** danneggiano il fogliame e i baccelli, così come quelle dei generi **Trichoplusia**, **Spodoptera** e Anticarsia.

2.9.2.2. <u>Descrizione.</u>
Gli stadi larvali di **Heliothis** si distinguono per le seguenti caratteristiche morfologiche.
- Sutura centrale a forma di Y rovesciata, con il vërtice che non raggiunge il vertice del testa.
- Tegumento del corpo ricoperto da minuscole spnule nere (,,,,) su tutto il corpo.

regioni del corpo.
- Funghi o peli sensoriali, che nascono dalle pinacule dove le sprnule sono assenti.
- Cinque coppie di gambe fittizie al terzo, quarto, quinto, sesto e nono posto.
segmento dell'addome.
Colorazione verdastra con bande pre-spiraculari e plurali di tonalità da marrone a brunastra. scuro.
Per la *Trichoplusia* valgono le seguenti caratteristiche.
- Larve verdi, con una striscia bianca intorno alla zona spiraculare.
- Tre paia di false zampe sul terzo, quinto e nono segmento o anello del corpo.
addome (Fig. 7).
Spodoptera frugiperda, allo stadio larvale, condivide con **Heliothis** la presenza della sutura epicraniale a forma di "y" rovesciata e presenta anche le seguenti caratteristiche descrittive.
- Tegumento liscio, con setole o peli che nascono da aree circolari.
- Disposizione di una mappa setale caratteristica nel pro-, meso- e metatorace.
2.9.2.3. **Biologia.**
Gli adulti dei gëneros descritti sono generalmente notturni, cioè durante il giorno si rifugiano nella vegetazione circostante, migrando da altre zone durante la notte per ovulare sulle foglie. **Heliothis sp.** depone uova in piccoli ammassi, di forma sferica e striate di rosa, che si schiudono in larve eruciformi che si nutrono dell'epidermide delle foglie o delle infiorescenze quando si trovano in queste strutture floreali. Ci sono cinque stadi larvali prima che diventino pupe o crisalidi e poi adulti. Il ciclo completo uovo-adulto dura da 34 a 38 giorni Fig. 12.

Figura 12. Rappresentazione schematica della testa di *Heliothis* sp.
Trichoplusia sp. Le uova sono bianche, sferiche e lisce, mentre i bruchi sono di colore verdastro, con una banda bianca intorno agli spiracoli e il corpo con setae filiformi nere. Il ciclo vitale è simile a quello di Heliothis, in termini di stadi larvali, pupali e adulti, ma la durata del ciclo dell'uovo adulto è sconosciuta.

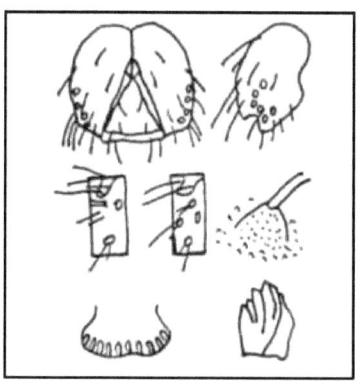

Figura 13. Rappresentazione schematica della testa di *Trichoplusia* sp.

Le specie di ***Spodoptera, frugiperda, littoralis,*** depongono masse d'uovo, ricoperte di squame; con 50-1000 uova a seconda della stagione o delle condizioni atmosferiche. Quando le larve si schiudono, vengono disperse dal vento, in altri casi si mangiano a vicenda. Il cannibalismo è una caratteristica degli *Spodoptera* Fig. 14.

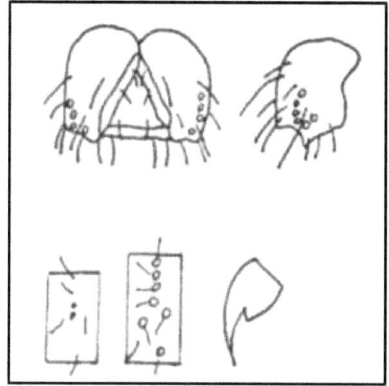

Figura 14. Rappresentazione schematica della testa di *Spodoptera*.

Ci sono 6-7 istanti larvali, nel quinto la "Y" rovesciata sulla testa è più evidente. La pupa rimane nel terreno da cui emergono gli adulti per 9-10 giorni, per iniziare una nuova generazione.

2.9.2.4. <u>**Bioregolatori.**</u>

I nemici naturali delle larve fino al quarto stadio delle specie sopra citate sono insetti delle famiglie Reduvidae e Pentatomidae, soprattutto della prima, che sono abbondanti durante tutto il ciclo colturale.

Altri predatori sono le vespe della famiglia Vespidae, appartenenti al genere Polistes; almeno tre specie portano nei loro nidi giovani larve prive di contenuto intestinale, con cui nutrono le loro larve.

Il parassitoide più importante è un ***Braconide,*** identificato come Apanteles, che inietta le larve all'interno del corpo dell'ospite; le larve apode le divorano internamente e, quando hanno completato la loro crescita per non più di 7 giorni, dalla regione pleurica emergono larve bianche che in poche ore tessono un fitto bozzolo di fili di seta marrone chiaro, all'interno del quale diventano pupe. Una settimana dopo questo evento, gli adulti rompono questa struttura con le mandibole ed emergono le vespe nere.

Le mosche dagli occhi rossi della famiglia *Tachinidae* parassitano grandi larve di 12, 5 cm, deponendo le uova nella regione posteriore delle larve. Le uova sono di colore bianco e di forma eptica. Le specie ovipare sono state inserite nel genere Weinthemia (Okomura, 1967).

1.1.3. Afidi.

Gli afidi sono un importante gruppo di parassiti temporanei a causa della loro elevata capacità riproduttiva. In coltivazione, si trovano sui boccioli dei fiori.

Gli afidi sono di colore grigio-nero con antenne filiformi. Su ogni ala anteriore sono presenti quattro rami venosi longitudinali, senza contare il tronco dell'area marginale anteriore, di cui il primo ramo nasce dallo pterostigma e il secondo è biforcato. Sul dorso dell'addome sporgono due tubicini che secernono sostanze difensive, chiamate sefunculi.

1.1.3.1. Biologia.

Gli afidi sono riproduttori partenogenetici di tipo Teletochy, cioè danno origine a individui di sesso femminile e, man mano che nascono le femmine apirene, passano attraverso diversi stadi ninfali fino a raggiungere le dimensioni maggiori caratteristiche della specie.

Quando l'ambiente ospite si satura, compaiono forme alate che arrivano a colonizzare altre aree coltivate.

1.1.4. Viaggi.

I tripidi del rovo appartengono alle specie *Hereoptris* e *Franklinilla* e non sono parassiti interessanti per questa coltura. Provocano raschiamenti sulle giovani foglie e sui fiori senza causare l'aborto dell'ovario.

1.1.4.1. Biologia.

Si trovano sui fiori, misurano al massimo 3 mm, con antenne da 6 a 9 ariste, con aree sensoriali sul terzo e quarto segmento. La femmina con la terebra, o organo ovopositore, seppellisce le uova nelle nervature delle foglie, nei tessuti floreali, da cui si schiudono ninfe gialle che si nutrono di essudati dai tessuti, prodotti dal raschiamento causato dalla mandibola sinistra.

La metamorfosi è graduale: l'ultimo stadio ninfale avviene nel terreno da cui emergono gli adulti.

2.10. EFFICACIA DEGLI INSETTICIDI.
2.10.1. Primo controllo in condizioni di campo.

Le tabelle 6 e 7 mostrano l'analisi della varianza per la popolazione larvale registrata prima, 72 e 96 ore dopo l'applicazione degli insetticidi biologici e regolatori della crescita.

In base a questi risultati, il quadrato medio per i trattamenti prima del controllo non era significativo, il che indica che la densità larvale in tutta la prova era abbastanza omogenea con una media di 26, 35 larve e una varianza di 1,86.

Dopo l'irrorazione dei trattamenti, a 72 ore, per il numero di larve morte, si è ottenuta un'elevata significatività statistica per i trattamenti, tuttavia la percentuale di controllo era molto bassa, quindi per il Pestone, che è un polisolfuro di azadiractina, non sono stati registrati dati sulle larve morte, non diversi dal controllo.

Il tasso di controllo più elevato, pari al 28,43%, è stato ottenuto con il Biolep (***Bacillus thurigiensis***) alla dose di 750 g/ha. Questo trattamento, secondo il test di Duncan, non differiva dal controllo causato da Nematron, Hovipest e dalle dosi basse e alte di Biolep in formulazioni solide e liquide.

A 96 ore, la mortalità è aumentata fino a un massimo di 15 larve per parcella, pari a una

mortalità di solo il 58,8 % perché si tratta di insetticidi preventivi e non di contatto, poi in direzione decrescente seguono Biolep 8L (1,0 l/ha), Nematron (3,47 l/ha). Nematron (3,47 l/ha), che non differiscono significativamente tra loro, ma rispetto a Pestone, Hovipest e alla bassa dose di Biolep 2X sì.
Le medie di mortalità complessiva sono state del 16,6 e del 39,98% rispettivamente a 72 e 96 ore, con coefficienti di variazione di 5, 13 e 33.
Tabella 8. Analisi della varianza per la popolazione larvale prima, 72 e 96 ore dopo il primo controllo della tignola dei fiori, Zapotepamba.

FONTI DI VARIANZA	G.L.	PRIMO CONTROLLO		
		Precedentemente	72 ore	96 ore
Blocchi		45,95	2,51	5,00
Trattamenti		1,15 ns	41,48**	106,16**
Errore		1,86	2,01	1,61
C.V (%)		5,18	33,04	12,04

ns= Non significativo
**= Altamente significativo

Tabella 9. Efficacia degli insetticidi biologici e botanici nel controllo della tignola del rovo prima, 72 e 96 ore dopo la prima applicazione. Zapotepamba.

TRATTAMENTO-TOS	DOSAGGIO/ha	PRIMA	72 ORE		96 ORE	
			%MORTA-LIDAD	LARVAS MORTI	%MORTA-LIDAD	LARVAS MORTE
Testimone	0,0	26,50 ns	0,00	0,00 c	0,00	0,00 d
Hovipest	2,8 l	26,00 ns	21,15 ab	5,50 ab	46,15	12,00 b
Biolep 2X	500 g	26,20 ns	20,63 a	7,50 a	47,17	12,50 b
Pestone	2,8 l	27,00 ns	0,00 c	0,00 c	28,70	7,75 c
Biolet 8L	1 l	27,00 ns	14,81 b	4,00 b	50,00	13,25 ab
Nemacron	3,47 l	26,50 ns	24,53 a	6,50 a	49,00	13,00 ab
Biolet 2X	700 g	25,50 ns	28,43 a	7,25 a	58,80	15,00 a
Media complessiva		26,35	16,60	4,39	39,98	10,54
RAD P <	2,03 -	2,99	2,11- 2,39		1,88- 2,13	

2.10.2. Secondo controllo, in condizioni di campo.

Secondo l'analisi della varianza, i quadrati medi dei trattamenti nelle valutazioni prima, 72 e 96 ore dopo l'applicazione di insetticidi naturali e biologici erano significativi al livello dell'1% (Tabella 8).
Nella valutazione prima dell'irrorazione degli insetticidi, è stato determinato che la densità larvale media nel controllo era di 30-85 larve di diversi stadi, un valore che differiva significativamente dalle medie corrispondenti alle aree assegnate agli insetticidi in studio.
A 72 ore, il numero di larve morte ha raggiunto un massimo di 6,5 con l'insetticida Pestone, ma se riferito alla popolazione iniziale, porta a un controllo solo del 31%.
Il controllo rilevato dopo tre giorni, in tutti i trattamenti, è ridotto, variando in un intervallo compreso tra il 22 e il 32,1%, con gli estremi corrispondenti agli insetticidi Hovipest e Biolep.
Per la valutazione effettuata a 96 ore, l'intervallo di mortalità era compreso tra il 30,9 e il 69,6%; in questo caso la media più bassa corrispondeva al Pestone e la più alta al Biolep 2X alla dose di 750 g/ha, un prodotto biologico a base di *Bacillus thurigiensis*.

Secondo il test di Duncan, le medie dei trattamenti non differivano significativamente tra loro e dal controllo assoluto, dove non è stata rilevata alcuna mortalità dovuta a cause naturali, in particolare alla predazione.

Le medie complessive dei controlli sono state del 22,4 e del 44,5 % con coefficienti di variazione del 30,74 e del 17,62 % a 72 e 96 ore (Tabella 9).

Analisi della varianza per la popolazione larvale prima, 72 e 96 ore dopo il secondo controllo della tignola dei fiori, Zapotepamba.

Fonti di variante	G:L.		SECONDO CONTROLLO	
		PRIMA	72 ore	96 ore
Blocchi		5,67	1,83	1,85
Trattamenti		138,17**	15,24**	43,98**
Errore	18	8,69	1,43	1,60
C. V (%)		6,83	30,74	17,62

Efficacia degli insetticidi biologici e botanici nel controllo della tignola del rovo prima, 72 e 96 ore dopo la seconda applicazione. Zapotepamba.

TRATTAMENTO-TOS	DOSAGGIO/ha	PRIMA	72 ORE		96 ORE	
			%MORTA-LIDAD	LARVAS MORTI	%MORTA-LIDAD	LARVAS MORTE
Testimone	0,0	30,85 a	0,00	0,00 c	0,00	0,00 c
Hovipest	2,8 l	17,00 bc	22,00 c	3,75 b	52,90	9,00 a
Biolep 2X	500 g	16,00 bc	26,60	4,25 b	51,60	8,25 ab
Pestone	2,8 l	21,00 b	31,00	6,50 a	30,90	6,50 b
Biolet 8L	1 l	16,50 a.c.	27,30	4,50 b	51,50	8,50 a
Nemacron	3,47 l	15,00 bc	25,00	3,75 b	55,00	8,25 ab
Biolet 2X	700 g	14,00 c	32,10	4,50 b	69,60	9,75 a
Media complessiva		18,60	23,43	3,89	44,52	7,18
RAD P <	4,40 -	5,00	1,78	- 2,0	1,87- 2,12	

2.10.3. Terzo controllo, in condizioni di campo

Secondo le tabelle 10 e 11, la densità larvale prima del trattamento fogliare con insetticidi non era omogenea, era più alta nel controllo, con una media di 42, 6 larve per parcella; mentre per i trattamenti insetticidi era più alta nel controllo, con una media di 42, 6 larve per parcella; mentre per i trattamenti insetticidi era più alta nel controllo, con una media di 42, 6 larve per parcella.

ridotto a un intervallo tra 5,5 e 14,5. Queste medie differiscono in modo significativo, secondo
con il test di Duncan.

A 72 e 96 ore dall'irrorazione, si è registrato un netto aumento della percentuale di controllo, soprattutto con Biolep 2X, raggiungendo un livello dell'86,4%.

Il livello più basso di controllo, pari al 25,9%, è stato registrato a Pestone. Secondo il test di Duncan, i tassi medi di mortalità differiscono in modo significativo.

Per l'insetticida Nematron a base di azadiractina, il livello di mortalità o di controllo è stato del 62,9%.

Le medie complessive dei controlli a 72 e 96 ore sono state rispettivamente del 29,08 e del 50,21%, con coefficienti di variazione elevati, rispettivamente del 71,80 e del 25,25%.

Analisi della varianza per la popolazione larvale prima, 72 e 96 ore dopo il terzo controllo della tignola dei fiori, Zapotepamba.

Fonti di varianza		PRIMO CONTROLLO	
G:L.	PRIMA	72 ore	96 ore
Blocchi	0,19	0,51	0,95
Trattamenti	846,74**	5,31 ns	12,24 **
Errore	2,10	2,45	0,95
C. V (%)	1,49	71,80	25,25

Efficacia degli insetticidi biologici e botanici nel controllo della tignola del rovo prima, 72 e 96 ore dopo la terza applicazione. Zapotepamba.

TRATTAMENTO -TOS	DOSAGGIO/ha	PRIMA	72 ORE		96 ORE	
			%MORTA-LITÀ	LARVAS MORTE	%MORTA-LITÀ	LARVAS MORTE
Testimone	0,0	46,25 a	0,00	0,00 c	0,00	0,00 b
Hovipest	2,8 l	8,00 c	31,20	2,50 a	56,20	4,50 a
Biolep 2X	500 g	8,25 c	39,40	3,25 a	60,60	5,00 a
Pestone	2,8 l	14,50 b	8,60	1,25 a	25,90	3,76 a
Biolet 8L	1 l	8,00 c	34,40	2,75 a	59,40	4,75 a
Nematron	3,47 l	6,75 c	44,40	3,00 a	62,90	4,25 a
Biolet 2X	700 g	5,50 d	45,50	2,50 a	86,40	4,75 a
Media complessiva		13,85	29,08	2,18	50,21	3,86
RAD P <	2,15 -	2,43	2,32	- 2,62	1,45 - 1,64	

2.11. Resa in Kg/PARCEL e Kg/Ha.

Le tabelle 11 e 12 mostrano l'analisi della varianza delle rese espresse in kg/parcella e per ettaro e il rispettivo test di Duncan con P= 0,05. Secondo questi risultati, il quadrato medio dei trattamenti è risultato altamente significativo, a causa dell'effetto degli insetticidi nel controllo della tignola dei fiori della famiglia Pterophoridae.

La resa più alta di 3 888 kg/ha è stata ottenuta nelle aree controllate con tre irrorazioni di Biolep 2X (750 g/ha), un prodotto a base di *Bacillus thurigiensis*, che ha superato gli altri trattamenti. L'aumento di resa dovuto al controllo è stato di 2 526 kg/ha, che rappresenta la perdita massima causata dal parassita.

Altri trattamenti con rese superiori a 2 000 kg/ha sono stati Biolep 2X, Biolep 8l (1 ha) e Nematron (3,47 L/ha), quest'ultimo a base di azadiractina.

La resa più bassa è stata quella del controllo con 1 362 kg/ha. La media complessiva della prova è stata di 2 205 kg/ha con un coefficiente di variazione del 4,88%.

Tabella 14. Resa in granella per parcella e per ettaro nella coltura della zarandaja, Zapotepamba.

TRATTAMENTI	Doisis/Ha.	Kg/Parcella	Kg/Ha
Testimone	-	4,90 f	1 362 f
Hovipest	2,80 l	5,67 d	1 575 d
Biolep 2X	500 g	8,47 a.C.	2 353 a.C.
Pestone	2,80 l	5,09 c	1 413 c
Biolep 8L	1,00 l	8,34 c	2 316 c
Nematron	3,47 l	9,08 b	2 522 b
Biolep 2X	750 g	14,02 a	3 888 a
Media complessiva		7,94	2 205

v Blocchi	0,13	36,11
v Trattamenti	40,80**	11 333**
v Errore	0,15	41,67
R D A P <	0,58-0,65	1611-180

Analisi della varianza per la resa di kg/parcella nella coltura di sarsapodi, Zapotepamba.

F.V.	G.L.	S.C.	C.M.	F.C.	F.T. 0,05 0,01
Blocchi		0,38	0,13		
Trattamenti		244,2	40,80	272**2,66	4,01
Errore	18	2,73	0,15		
Totale		247,93			

TEST DUNCAN

Medie				5			
A E S	2,97	3,12	3,21	3,27	3,32	3,36	
S x ^ 0,19							
R A D P <	0,58	0,60	0,62	0,63	0,63	0,64	

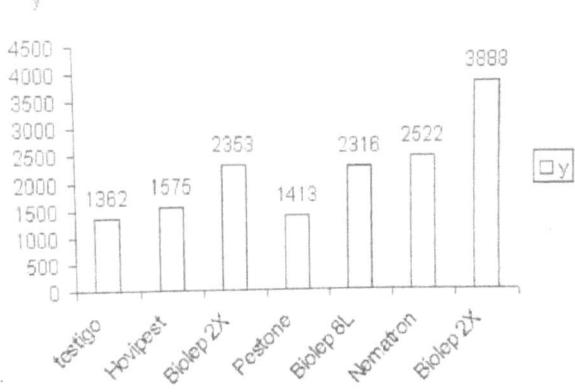

Fig. 15. Variazione della produzione in base ai trattamenti insetticidi, nel controllo della tignola dei fiori di zarandaja, Zapotempamba.

2.12. COSTI DI PRODUZIONE , CONTROLLO E AFFIDABILITÀ.

Una sintesi dei costi per la produzione di 1 ettaro di rovo con tre controlli per la "tignola dei fiori di rovo" e i rispettivi benefici e costi sono mostrati nella tabella 14.

In base a questi risultati, i costi diretti sostenuti da una piccola impresa nel
544,9 in condizioni non tecniche.

Il controllo dei parassiti, utilizzando tre applicazioni dei sei trattamenti insetticidi, variava da 116,70 con Biolep 2X (500g/ha) a 189,71 con Nematron, quest'ultimo formulato con Neem.

Per un'azienda agricola commerciale, si aggiungono i costi amministrativi, l'affitto del terreno e le spese accessorie, che fanno salire i costi di produzione a 734,72 dollari per il controllo assoluto e fino a 1 016,80 con il Nematron (3,47 l/ha), il che rende l'investimento poco attraente.

Anche la resa in granella è variata, a seconda dei danni causati dai parassiti alle infiorescenze, raggiungendo un peso di 1 361,80 kg nel controllo e 3 888 kg/ha con Biolep 2X (750 g/ha).

Al prezzo di 44 centesimi per libbra di grano, i trattamenti non generano benefici economici, rendendo la soglia del parassita antieconomica a causa del basso prezzo a cui viene venduta, rispetto a quello di altre leguminose di uso comune.

Tabella 16. Costi di produzione e benefici/costi dei trattamenti insetticidi nella coltivazione del rovo. Zapotepamba.

TRATA-BUGIE	Dose per ettaro	Costi Diretto	Costi Controllo	Costi Indiretto	Totale Costi	Rendimiento	Valore del raccolto
Testimone	-	544,90	-	179,82	734,72	1 361,80	599,20
Hovipest	2,8 l	544,90	125,40	221,20	891,50	1 575,90	693,40
Biolep 2X	500 g	544,90	116,70	225,50	908,99	214,60	9 74,00
Pestone	2,8 l	544,90	167,40	236,30	952,48	1 413,20	621,80
Biolep 8L	1,0 l	544,90	122,70	228,28	920,03	316,70	1 019,30
Nematron	3,47 l	544,90	189,71	252,29	1 016,80	520,10	1 108,90
Biolep 2X	750 g	544,90	135,55	246,46	993,30	898,00	1 711,10

III DISCUSSIONE

Il *Lablab purpureus* L., una leguminosa tradizionalmente coltivata nelle aree tropicali e subtropicali della provincia di Loja, ospita almeno 24 specie di insetti fitofagi, predatori e parassitoidi negli agroecosistemi della valle di Casanga, Zapotepamba, tra cui la "falena delle infiorescenze", non identificata a livello di genere, appartenente alla famiglia Pterophoridae. Le caratteristiche morfologiche delle ali, costituite da tre lobi molto prominenti, e l'abitudine dei bruchi di scavare gallerie nei fiori, non sono apparentemente specifiche del rovo, ma sono ospitate su Lantana, un'abitudine particolare riportata da (Etcheverry & Orellana, 1975).

La tignola dei fiori, allo stadio larvale, è la più dannosa, masticando i fiori e bloccando il processo di fecondazione e formazione dei semi. Il ciclo vitale comprende gli stadi di metamorfosi dei lepidotteri, ossia uova, larve, pupe e adulti, che si completano in 32-37 giorni.

In base al ciclo vegetativo del rovo, la "falena" ha almeno tre generazioni nella coltura, con altre in altri ospiti non identificati. Gli adulti vivono per un periodo record di 21-40 giorni, rendendo possibile la generazione incrociata in una coltura, il che spiega perché tutti gli stadi dello sviluppo biologico sono registrati nella coltura.

Nelle condizioni dello studio, non è stato possibile determinare alcun caso di parassitismo a livello di
larve e/o pupe, il che non significa che i bioregolatori manchino in questa specie, che è oggetto di un'indagine separata.

I tassi di dispersione delle larve, stimati sulla base dell'interrelazione tra l'incidenza e l'aggregazione media, mostrano un'abitudine aggregativa o contagiosa del parassita, un modello a cui si conformano la maggior parte delle specie, come dimostrato da (Curay, 1996; Kranz & Theanissa, 1992).

La fauna di insetti è completata da altri defogliatori di **Heliothis** gèneros. **Spodoptera**, **Trichoplusia** e **Hespirantos**, che sono parzialmente regolati da Tachymidae. **Apanthellae**, quest'ultimo parassitoide di larve di altre colture della zona, in particolare del mangold.

I predatori Reduvid dello *Zelus* gènero sono abbondanti nella coltura e la loro attività è responsabile dei danni da luce dei bruchi di Lepidotteri.

Un altro defogliatore associato alla coltura e ad altre leguminose tropicali è il *ceratoma* sp. (MAG - GTZ, 1986); a differenza dei bruchi defogliatori, gli adulti non hanno predatori, da cui i gravi danni che causano a sarndaja, fagioli e soia.

Per i tripidi e le cicadellidi hanno un ruolo secondario, non sono
realmente dannosi per la produzione di bacche, proprio come gli acari Terranichidae.

Gli insetticidi regolatori della crescita contenenti azadiractina, come il Pestone e il Nematron, non essendo sistemici, il loro effetto antifeedante non è stato visualizzato sulla tignola dei fiori, il che spiega la bassa mortalità larvale e un controllo inferiore all'80%, il limite considerato per un buon pesticida.

Tra gli insetticidi biologici a base di *Basillus thurigiensis*, la formulazione solida Biolep 2x ha ottenuto il più alto tasso di controllo delle larve, causato dalla tossina Crystal Protein (Puerta, 1995), e una probabile setticemia.

L'impatto economico della "tignola dei fiori sulla produzione di cereali è evidente con il controllo, con aumenti del 156% con Hovipest e un massimo del 185% con Biolep 2X (750 g/ha), tuttavia l'applicazione di insetticidi non è stata redditizia.

IV CONCLUSIONI

- L'entomofauna del rovo a Zapotepamba identificata a livello di дёпего ammonta a 22 specie e 4 a livello di famiglia, tra cui defogliatori, succhiatori e spazzini, con la falena delle infiorescenze della famiglia Pterophoridae che ha il maggiore impatto economico.
- Altri insetti defogliatori del **rovo** sono stati il crisomëlide **Cerotonia** e i nottuidi **Heliotis, Spodoptera, Trichoplusia e Anticarsia.**
- . Fauna entomologica che agisce come regolatore di varie specie di insetti - . parassiti, corrispondenti a **Zelus** дё^го, **Hippodamia, Allograpta** e braconidi. Le **apantelle sono** endoparassiti di larve di lepidotteri.
- La tignola delle infiorescenze ha completato il ciclo vitale dall'uovo all'adulto in 32-37 giorni, corrispondenti a 4-5 giorni nello stadio di uovo, 22-24 giorni nello stadio di larva e 6-8 giorni nello stadio di pupa.
- La longevità dell'adulto della falena delle infiorescenze è di 21-40 giorni.
- Gli indici di dispersione per gli stadi larvali sono stati adattati a un modello lineare, dimostrando che le larve hanno un comportamento aggregato.
- Gli insetticidi a base di azadiractina non hanno esercitato un controllo soddisfacente dopo tre applicazioni consecutive.
- . Tra gli insetticidi *a base di Bacillus thurigensis*, Biolep 2X (750 g/ha) ha raggiunto il massimo livello di controllo delle larve di tignola delle infiorescenze.
- . La tignola delle infiorescenze ha ridotto la resa del controllo fino al 185%, rispetto al trattamento con Biolep 2X (750 g/ha).
- Il controllo dei parassiti defogliatori e della tignola delle infiorescenze non ha mostrato tassi di redditività accettabili.
- La redditività del controllo (0,82%) rispetto al miglior trattamento Biolep 2X 750 g/ha (1,72%) giustifica l'applicazione di insetticidi per il controllo dei parassiti, rispetto alla tecnologia applicata dall'agricoltore con controllo nullo.

V RACCOMANDAZIONI

- Condurre studi sul controllo dei parassiti a causa dell'elevato grado di danno che causano alla formazione del baccello e alla granella, e poi in post-raccolta.
- Proseguire con l'identificazione dell'entomofauna fino alla categoria gënero per integrare il presente lavoro di ricerca.
- Testare la tolleranza alla defogliazione di diverse accessioni di rovo come alternativa di controllo.
- Evitare l'uso di insetticidi chimici per non uccidere l'entomofauna benefica e applicare tempestivamente insetticidi biologici.
- Lavorare in condizioni tipiche dell'agricoltore che coltiva piselli.

BIBLIOGRAFIA

CALVER, D. 1983. Storia e introduzione ai concetti di controllo integrato in Perù, Revista La Molina (Perù), 2:1-13.

CANCELADO, R. 1995. Conceptos sobren manejo integrado de plagas y su aplicacion en Amërica Latina, Venezuela p 15-16.

CENTRO INTERNAZIONALE PER L'AGRICOLTURA TROPICALE (IATTC). 1991. Basi per la creazione di un programma di gestione integrata dei parassiti del fagiolo nella provincia di Sumapaz (Colombia) Relazione sullo stato di avanzamento delle ricerche condotte tra il 1988 e il 1990, pag. 78. 78.

CISNEROS, F. 1980. Principi di controllo delle piaghe agricole Lima, Perù, Grafica Pacifico. p. 189.

COSTA, L. 1943-1945. Insetti del Brasile, volume 1. Scuola Nazionale di Agricoltura, Serie Didattica Volume 1. p. 345-380).

CURAY, S. 1996. Identificazione e fluttuazione della popolazione dei principali insetti in una piantagione di palma africana Elaeis guineensis Jacq Tesis Ing Agr. Loja, Ec. Universidad Nacional, Facultad de Ciencias Agricolas 110 p.

DOMINGUEZ, F; GARCIA T. 1961. Parassiti e malattie delle piante coltivate.
Spagna, Editorial DOSSAT. p. 374-378.

ETCHEVERRY, M.; HERRERA, J. 1972. Corso teorico-pratico di entomologia. Cile. Editorial Universitario. p. 234-240.

FLORES, O. 1975. Condizioni di base per lo studio della dinamica delle popolazioni. Revista, Fotofilo (Messico), 70: 42-44.

GUAMAN DIAZ, F. 1998. Miglioramento della produzione e della produttività basato sull'uso ottimale delle risorse genetiche autoctone. Informe tëcnico semestrale luglio-dicembre. Loja, Ec., Università Nazionale, CATER. 60 p.

HALLMAN, G. 1985. Il controllo chimico dei parassiti del fagiolo. Cali, Col., Editorial XYZ.

LIZARRAGA, A. 1999. Gestione ecologica delle piaghe. Lima, Perù. 174 p.

LIZARAGA, et al. 1998. Nuovi contributi del controllo biologico. Lima, Perù. 397 p.

LOPEZ, M; VAN SCHOONHAVEN, A. 1985. Il fagiolo: ricerca e produzione.
Cali, Col, Editorial XYZ. P. 247-279.

MALDONADO, N. 1997. Clima e desertificazione nella provincia di Loja. Revista de Difusion Tecnica y Cienrifica de la F.C.A. (Ec.) 28 (1): 1-2 U.N.L. 122 p.

METCALF, CL. 1991. Insectos destructivos e insectos utiles, Messico, Continental 1208 p.

MORALES, R. 1994. Manuale entomologico Ed. Universitaria. Loja, Ec, p. 18-19.

OKUMURA, G. 1967. Chiavi di identificazione illustrative per le larve che attaccano il *pomodoro* in Messico e negli Stati Uniti, eccetto l'Alaska, Volume 2. p. 29-53.

ORELLANA. TAPIA. 1995. Classificazione e bioecologia del verme defogliatore dei frutti della passione *Passiflora ligularis* e sua suscettibilità allo stadio larvale al *Bacillus turigensis* var. *kustaki* nella Hoya de Loja. Tesi di laurea in Ingegneria Agraria, Loja, Ec., Universidad Nacional, Facultad de Ciencias Agricolas. 93. p.

RAMON VIVANCO, A. J.; VALDIVIESO CORDOVA, D. S. 1995. Gestione integrata della piralide *Epinotia spp.* e della piralide *Laspeyresia leguminis* nella coltura del fagiolo *Phaseolus vulgaris* L., nelle valli mesotërmiche di Catamayo e Vilcabamba. Tesi di laurea in Ingegneria Agraria a Loja, Eq,
Università Nazionale, Facoltà di Scienze Agrarie p. 62-70, 77-95.

ROSS, H. 1973. Introduzione all'entomologia generale e applicata. Trans. Miguel Fauste. Barcellona, Esp, Omega 536 p.

SCHWARTZ, H.; GALVEZ, G.E. 1980. Problemi di produzione dei fagioli. Cali, Col., CIAT: p. 368-403.

SUQUILANDA, M. 1996. Agricoltura organica. Quito, Ec. 654 p.

ZAYAS, F. 1989. Entomolog^a cubana, Cuba, ed. Cienrifico - Tecnico p. 28-43.

APPENDICE

Tabella 2. Dati rilevati su uova di insetti, parassiti del wattle.

CODICE	DATA DI ENTRATA	UOVA DEPOSITATE
DATA	OSSERVAZIONE DEL CAMBIAMENTO DI COLORE DELLE UOVA	LARVA OCCUPATA

Tabella 3. Valori registrati di larve schiuse di insetti di rovo.

CODICE	DATA DI SCHIUSA	NO. DI LARVE EMERSE	
DATA	AREAFOLIAR CONSUMATA	ABITUDINI ALIMENTARI	MUTE DI PELLE REGISTRATE

Numero di larve per parcella nella coltura di rovo prima della prima applicazione di insetticidi biologici.

Data	Trattamento	I	II	III	IV	Totale	X
02 - 01 - 25	A	29	26	25	25	105	26,50
02 - 01 - 26	T1	31	26		23	104	26,00
02 - 01 - 26	T2			26		105	26,25
02 - 01 - 27	T3		26	25	25	108	27,00
02 - 01 - 27	T4	31			26	108	27,00
02 - 01 - 28	T5		25	26	23	106	26,50
02 - 01 - 28	T6		26	26	23	102	26,50
BLOCCHI TOTALI		210	183		169	738	184,50

Tabella 2. ANOVA per l'incidenza prima del primo controllo.

F.V.	G.L.	S.C.	C.M.	F.C.	F.T. 0,05	F.T. 0,01
Blocchi		137,86	45,95			
Trattamenti		6,92	1,15	0,62 ns	2,66	4,01
Errore	18	33,65	1,86			
Totale		178,43				
IL TEST DI DUNCAN.						
Medie				5		
A E S		2,97	3,12	3,21	3,27	3,32	3,36
S X ^ =0	,86						
R A D P <		2,03	2,13	2,19	2,23	2,26	2,29

Numero di larve morte per parcella 72 ore dopo la prima applicazione di insetticidi biologici.

Trattamento	Dosaggio/ha	B l o q u e s	Totale	X

Trattamento	Dosaggio/ha	I	II	III	IV	Totale	X
A	Testimone	0	0	0	0	0	0,00
T1	2,8 l						5,50
T2	500 g	8		5	10	30	7,50
T3	2,8 l	0	0	0	0	0	0,00
T4	1 l						4,00
T5	3,47 l	8		8		26	6,50
T6	750 g	8	8			29	7,25
Blocchi totali			29		29	123	30,75

Tabella 4. ADEVA per larve morte 72 ore dopo la prima applicazione.

F.V.	G.L.	S.C.	C.M.	F.C.	F.T. 0,05	F.T. 0,01
Blocchi		7,53	2,51			
Trattamenti		248,93	41,48	20,63**	2,66	4,01
Errore		36,21	2,01			
Totale		292,67				

TEST DUNCAN

Medie				5		
A E S		2,97	3,12	3,21	3,27	3,32
S X ^ =0	,71					
R A D P <		2,11	2,22	2,28	2,32	2,36

Numero di larve morte per parcella 96 ore dopo la prima applicazione dell'insetticida biologico Zapotepamba.

Trattamento	Dosaggio/ha	Bloques I	II	III	IV	Totale	X
A	Testimone	0	0	0	0	0	0,00
T1	2,8 l			9		48	12,00
T2	500 g		10			50	12,50
T3	2,8 l	8	8	8			13,25
T4	1 l						4,00
T5	3,47 l					52	13,00
T6	750 g						15,00
Blocchi totali		82	69	70		295	73,75

Tabella 6. ADEVA per le larve morte a 96 ore dal primo controllo.

F.V.	G.L.	S.C.	C.M.	F.C.	F.T. 0,05	F.T. 0,01
Blocchi		15,00	5,00			
Trattamenti		637	106,16	65,93	2,66	4,01
Errore		29	1,61			
Totale		681				

TEST DUNCAN

Medie				5		
A E S		2,97	3,12	3,21	3,27	3,32

S X ^ =0	,63				
R A D P <	1,88	1,98	2,04	2,07	2,11

Tabella 7. Numero di larve per parcella nella coltura del rovo alla seconda applicazione di insetticidi biologici a Zapotepamba.

Data	Trattamento	Bloques				Totale	X
		I	II	III	IV		
02 - 02 - 15	A		29		31	124	30,75
02 - 02 - 16	T1						17,00
02 - 02 - 16	T2						16,00
02 - 02 - 17	T3	26				84	21,00
02 - 02 - 17	T4						16,50
02 - 02 - 18	T5						15,00
02 - 02 - 18	T6					56	14,00
Blocchi totali				133		522	130,50

Tabella 8. ANOVA per l'incidenza prima del secondo controllo.

F.V.	G.L.	S.C.	C.M.	F.C.	F.T.	
					0,05	0,01
Blocchi		17,99	5,67			
Trattamenti		829,00	138,17	15,90	2,66	4,01
Errore		156,43	8,69			
Totale		1002,43				

TEST DUNCAN

Medie				5		
A E S	2,97	3,12	3,21	3,27		3,32
S X ^ =1	,47					
R A D P <	4,38	4,60	4,73	4,89		4,95

Tabella 9. Numero di larve morte per parcella 72 ore dopo la seconda applicazione di insetticidi biologici, Zapotepamba.

Trattamento	Dosaggio/ha	Bloques				Totale	X
		I	II	III	IV		
A	Testimone	0	0	0	0	0	0,00
T1	2,8 l				5		3,75
T2	500 g		5				4,25
T3	2,8 l	8			5	26	6,50
T4	1 l						4,50
T5	3,47 l						3,75
T6	750 g						4,50
Blocchi totali			30		29	109	27,25

ADEVA per le larve morte 72 ore dopo il secondo controllo.

F.V.	G.L.	S.C.	C.M.	F.C.	F.T.	
					0,05	0,01
Blocchi		5,54	1,83			

Trattamenti		91,43	15,24	10,66	2,66	4,01
Errore	18	25,71	1,43			
Totale		122,68				

C.V= 30,74% C.V= 30,74% C.V= 30,74% C.V= 30,74

TEST DUNCAN

Medie					5	
A E S		2,97	3,12	3,21	3,27	3,32
S X ^ =0	,60					a
R A D P <		1,78	1,87	1,93	1,96	2,02

Numero di larve morte per parcella 96 ore dopo la seconda applicazione di insetticidi biologici.

Trattamento	Dosaggio/ha	Bloques				Totale	X
		I	II	III	IV		
A	Testimone	0	0	0	0	0	0,00
T1	2,8 l						9,00
T2	500 g	10		9			8,25
T3	2,8 l	8			5	26	6,50
T4	1 l	8		8			8,50
T5	3,47 l	9	9		8		8,25
T6	750 g	9	9		10		9,75
Blocchi totali			45	51	52	201	50,25

ADEVA per le larve morte a 96 ore dal secondo controllo.

F.V.	G.L.	S.C.	C.M.	F.C.	F.T.	
					0,05	0,01
Blocchi		5,54	1,85			
Trattamenti		263,86	43,98	22,47**	2,66	4,01
Errore		28,71	1,60			
Totale		298,11				

TEST DUNCAN

Medie					5	
A E S		2,97	3,12	3,21	3,27	3,32
S X ^ =0	,63					
R A D P <		1,87	1,97	2,02	2,06	2,09

Numero di larve per parcella nella coltura del rovo prima della terza applicazione di insetticidi biologici.

Data	Trattamento	Bloques				Totale	X
		I	II	III	IV		
02 - 03 - 06	A	46	49	43		185	46,25
02 - 03 - 07	T1	8		8	9		8,00
02 - 03 - 07	T2		8			33	8,25
02 - 03 - 08	T3					58	14,50
02 - 03 - 08	T4	8		9	8		8,00
02 - 03 - 09	T5				8		6,75

02 - 03 - 09	T6		5			5,50
Blocchi totali		98	98		389	97,25

Tabella 14. ANOVA per l'incidenza prima del terzo controllo.

F.V.	G.L.	S.C.	C.M.	F.C.	F.T. 0,05	F.T. 0,01
Blocchi		0,39	0,19			
Trattamenti		5080,43	846,74	4,03**	2,66	4,01
Errore		37,86	2,10			
Totale		122,68				

C.V= 1,49% C.V= 1,49% C.V= 1,49% C.V= 1,49
TEST DUNCAN

Medie					5		
A E S		2,97	3,12	3,21	3,27	3,32	3,36
S X ^ =0	,72						
R A D P <		2,15	2,26	2,33	2,37	2,41	2,43

Numero di larve morte per parcella 72 ore dopo la terza applicazione dell'insetticida biologico Zapotepamba.

applicazione di insetticidi biologici Zapotepamba.

Trattamento	Dosaggio/ha	Bloques				Totale	X
		I	II	III	IV		
A	Testimone	0	0	0	0	0	0,00
T1	2,8 l					10	2,50
T2	500 g						3,25
T3	2,8 l		1	1	1	5	1,25
T4	1 l						2,75
T5	3,47 l						3,00
T6	750 g			1		10	2,50
Blocchi totali							15,25

ADEVA per le larve morte 72 ore dopo il terzo controllo.

F.V.	G.L.	S.C.	C.M.	F.C.	F.T. 0,05	F.T. 0,01
Blocchi		1,54	0,51			
Trattamenti		31,86	5,31	2,17 ns	2,66	4,01
Errore		44,11	2,45			
Totale		77,51				

TEST DUNCAN

Medie					5		
A E S		2,97	3,12	3,21	3,27	3,32	3,36
S X ^ =0	,78						
R A D P <		2,32					2,63

Numero di larve morte per parcella 96 ore dopo la terza applicazione di insetticidi biologici.

Trattamento	Dosaggio/ha	Bloques				-Totale	X
		I	II	III	IV		
A	Testimone	0	0	0	0	0	0,00
T1	2,8 l		5				4,50
T2	500 g	5	5				5,00
T3	2,8 l				5		3,76
T4	1 l						4,75
T5	3,47 l	5					4,25
T6	750 g	5					4,75
Blocchi totali			30	26		108	27,00

ADEVA per le larve morte a 96 ore dal terzo controllo.

F.V.	G.L.	S.C.	C.M.	F.C.	F.T.	
					0,05	0,01
Blocchi		2,86	0,95			
Trattamenti		73,43	12,24	12,88 **	2,66	4,01
Errore		17,14	0,95			
Totale		93,43				

TEST DUNCAN

Medie					5	
A E S	2,97	3,12	3,21	3,27	3,32	
S X ^ = 0,49						
R A D P <	1,45	1,52	1,56	1,59	1,62	

I want morebooks!

Buy your books fast and straightforward online - at one of world's fastest growing online book stores! Environmentally sound due to Print-on-Demand technologies.

Buy your books online at
www.morebooks.shop

Compra i tuoi libri rapidamente e direttamente da internet, in una delle librerie on-line cresciuta più velocemente nel mondo! Produzione che garantisce la tutela dell'ambiente grazie all'uso della tecnologia di "stampa a domanda".

Compra i tuoi libri on-line su
www.morebooks.shop

　info@omniscriptum.com
www.omniscriptum.com　

Printed by Books on Demand GmbH, Norderstedt / Germany